新版　水環境調査の基礎

鈴木 裕一
佐藤 芳徳
安原 正也　共著
谷口 智雅
李　盛源

古今書院
2019

はじめに

　地球温暖化は単に気温の上昇のみならず、海水温の上昇も引き起こし、降水量変動の増大、局地的豪雨の頻発など、人々の生活に大きな影響を及ぼす現象を引き起こすようになってきた。身近な「環境」がだんだんと厳しいものに変化してきていることは、多くの人たちが実感しているところであろう。毎年のように水害や土砂災害が発生し、私たちの住んでいる地域の安全が脅かされるようになりつつある。水環境に関わる現象も大きく変化し、それに伴って水を取り巻く環境問題も新たな局面を迎えたと言っても過言ではない。

　高度経済成長の負の側面として、国内の多くの河川では水質が悪化の一途をたどったが、汚濁物質の排出抑制や流域下水道の整備などにより、一部河川を除いて、水質改善が進んできた。しかし、人間活動による廃棄物や汚濁物質は多かれ少なかれ常に河川をはじめとする自然界に放出され、負荷を与え続けている。それらが私たちの生活を脅かすものとなっていないか、絶えず関心を持ち、監視する必要がある。

　また、過去に土壌中などに廃棄または放置されるなどした有害物質が今でも残存し、地下水に徐々に混入、問題を複雑化させている。地下水が流れる速さは、地表水に比べてきわめて遅い。そのような物質が希釈され、あるいは浄化され、私たちの生活にほとんど影響を及ぼさないと判断するためには、地下水の流れや滞留時間を的確に把握する必要がある。「過去の負の遺産」に加えて、新たに出現するさまざまな水環境に関わる問題は多種多様であり、決して単純ではない。問題解決にあたって、インターネット上などの既存の情報を収集し分析することだけでは、問題の本質を見極めることはできず、解決の道筋さえみつけることはできない。新しい時代の新しい水環境問題を解決するためには、自ら現地で「環境の悪化がどのようにして起きるか、あるいは起きたか」を考えながら調査する姿勢、すなわちアクティブな姿勢が必要不可欠である。

　学生諸氏、そして環境問題にかかわる人たちには、ぜひ身近な水環境を題材にして、自らの目で積極的に観察・観測して考え、環境問題の本質に迫ってい

iv

く姿勢を身につけてほしい。

　良質な水資源が得られる環境を維持し、水利用を持続可能なものとするためには、常に水環境を良好な状態に保っておくことが求められる。そのためには、「水の流れ」を理解し、的確に把握することがなにより重要である。「水環境を良好な状態に保つために何をなすべきか」を、真摯に一人ひとりが考えなければならない時代となっている。また、水の環境問題を考えるときに、「水管理」（その地点の水量水質を管理する立場）から「流域管理」（その地点に流れ込む水がどのようなところに降って流れ流れて集まってきたか考える立場）への発想の転換こそが重要である。その発想の転換には、まず当該の流域を歩き、地形、地質、土壌などの自然条件や土地利用、自然改変などの社会条件を的確に把握することが必要不可欠である。

　本書は、地表やその周辺の水の動き、物質の動きを明らかにするために、安価な器具の利用で調査可能な、基礎的な調査法をまとめたものである。地表水や地下水などの調査における知識や方法など一通り身につけられるように配慮したが、必要に応じてさらに高度な専門書を紐解いて学んでほしい。また、実際の調査においては、前例もなく、また教科書にも書かれていないような場面に遭遇することも少なくない。そのような場面に対処するためには、「自ら考えて調べる」「自ら調べて考える」必要がある。読者一人ひとりが水の流れと水環境について、自ら調べて考えるアクティブなリサーチを行い、水環境の保全に貢献していただければ幸いである。

　最後に、本書の編集にあたって、古今書院関田伸雄氏に御尽力いただいた。篤く御礼申し上げる次第である。

　　　　　　平成 30 年 11 月 11 日

　　　　　　　　　　　著者を代表して　鈴 木 裕 一

新版 水環境調査の基礎 目 次

はじめに iii

第Ⅰ部 水文環境学の基礎的知識

1 降水と蒸発―地表と大気の間の水の流れ― 鈴木 裕一 *1*

1.1 水循環の始まり―蒸発― *1*

1.2 水文循環のもつ意義 *1*

1.3 蒸発散 *2*

1.4 地表面への降水 *3*

2 河川の形状と河川流出 鈴木 裕一 *5*

2.1 河川流出が起きている場、河川流域の形状について *5*

2.2 水系網について *7*

2.3 河川の平均流速を求める式 *7*

2.4 河道への水の供給―河川流出の3成分― *8*

2.5 河川流出量の変化について *9*

2.6 ハイドログラフ *11*

3 湖沼の世界 佐藤 芳徳 *13*

3.1 成因、形状、水色、透明度 *13*

3.2 水温と循環 *17*

3.3 湖流 *19*

3.4 水収支 *20*

3.5 湖沼型 *22*

4 地下水の流れと汚染 安原 正也 *24*

4.1 ダルシー流速(見かけの流速)と実流速 *24*

4.2 地下水の滞留時間と水質 *26*

4.3 地下水汚染物質と地下水中での挙動 *27*

第II部　現地調査の事前準備

5　現地調査の前に準備すべきこと　　　谷口 智雅　　32
　5.1　地図と文献、既存データの収集　　32
　5.2　服装や靴、持ち物　　35
　5.3　計測・測定機器などの事前準備　　39

6　現地調査における道具・測定機器の基礎知識　　　李 盛源　　41
　6.1　現地調査における精度の重要性　　41
　6.2　水位（水面）　　42
　6.3　流速　　45
　6.4　電気伝導率（電気伝導度）（EC）　　48
　6.5　pH　　51
　6.6　溶存酸素（DO）　　54
　6.7　簡便な水質分析　　57

第III部　現地での調査方法

7　現地調査の記録　野帳と略地図　　　谷口 智雅　　61
　7.1　観測位置の確認　　61
　7.2　野帳（フィールドノート）の書き方　　61
　7.3　スケッチと写真　　62
　7.4　簡易的な測量　　63
　7.5　調査地点と時刻の選定　　66

8　水体の形状の計測　　　安原 正也　　68
　8.1　河川の形状　　68
　8.2　湖沼の形状　　69
　8.3　地下水面の形状　　70

9　降水量・流量・蒸発散量の測定　　　鈴木 裕一　　74
　9.1　水収支のための降水量調査　　74

目 次　　　　　vii

　9.2　河川流量・湧出量測定　　　　　78

　9.3　蒸発散量　　　　　84

10　採水の方法　　　　　安原 正也　86

　10.1　地表水の採水と採水容器　　　　　86

　10.2　地下水・井戸水の採水　　　　　89

　10.3　特殊な採水法　　　　　91

第Ⅳ部　現地での実践例

11　降水と蒸発散を調べる実践例　　　　　鈴木 裕一　93

　11.1　流域への降水量と降水の水質の調査　　　　　93

　11.2　蒸発散量の推定　　　　　95

12　川をみる―水系網を描いて考える―　　　　　鈴木 裕一　98

　12.1　水系網を描いて考える　　　　　98

　12.2　分水界の描き方　　　　　98

　12.3　河川流出と水質　　　　　101

13　都市のなかの川をみる　　　　　安原 正也　103

　13.1　都市の川、桜かコンクリートか　　　　　103

　13.2　河川の汚染と下水道整備　　　　　103

　13.3　地下水を呑む呑川　　　　　105

　13.4　都市河川の水質問題　　　　　108

14　湖沼を調べる実践例　　　　　佐藤 芳徳　110

　14.1　準備、目的と対象　　　　　110

　14.2　調査計画　　　　　110

　14.3　器材の準備　　　　　111

　14.4　出発と到着、観測前の心得　　　　　112

　14.5　観測、採水と測定　　　　　113

　14.6　水温　　　　　114

　14.7　採水　　　　　115

　14.8　湖流　　　　　116

viii

14.9	長期観測	117
14.10	宿舎で	118

15　地下水を調べる　　　　　　　　　　　　　　李 盛源　120

15.1	地下水調査の必要性	120
15.2	井戸さがし	120
15.3	ベースマップとボーリング資料	123
15.4	地下水の測水調査	124
15.5	地下水面等高線図の作成と地下水の流れ	126
15.6	地下水の水温と地中の温度	128

16　湧水を調べる　　　　　　　　　　　　　　安原 正也　131

16.1	湧水地点を探す	131
16.2	湧水量の継続調査	134
16.3	東京の湧水を例として	135

おわりに　139

付録　140

付録A	生活環境の保全に関する環境基準	140
付録B	野外調査実施時の一般的注意事項	142
付録C	野外調査の準備・事後処理のためのメモ	143
付録D	携帯品チェックリスト	144
付録E	報告書の書き方	146

索引　147

1 降水と蒸発 —地表と大気の間の水の流れ—

1.1 水循環の始まり—蒸発—

　水環境をよい状態のままに保全し維持していくためには、自然界の水のあり方を正確に捉える「水文学」の知識が必要不可欠である。その水文学における最も重要な考え方が「水の循環」である。

　降水として地表面に落下した水は地表面の勾配に従い「高きより低き」に流れる。すなわち、山地に降った雨、降水は高きより低きに流れて平地に、そして海へと流れ出ていく。そして、海に流れ出た水は海面から蒸発して大気中に戻る。降水が山地あるいは平地に一時的にとどまっている間にも、その一部は蒸発して大気中に戻る。蒸発して大気中に戻った水、水蒸気は大気の流れとともに移動し、凝結して雨滴となり、そして降水として地表面に落下する。そのような形で単純化された水の流れは「循環」過程を形成することになる、すなわち「水の循環」がそこに存在することになる。このような「水の循環」を「水文循環」とよぶ（図 1.1）。

図 1.1　水文循環の簡単な概念図（鈴木原図）

1.2 水文循環のもつ意義

　仮に蒸発現象が起こらなければ、地表面付近で水の動きは完全に止まることになる。現実に起きているさまざまな水の流れを考えるためには、そのスタートとなる蒸発を考え、順次、水の流れに沿って考えることが重要である。

降水として地表面にもたらされた水は地表面付近でさまざまな物質を溶かし、水とともにそれらの物質を運ぶ。水の流れが速いときには、砂礫などをも動かし、あたかもヤスリで削るがごとく大地を削る。

また、地表面や地下を流れる過程で、さまざまな物質を溶かし、流れとともにそれらを運ぶときに、人間活動にともなって生じた廃棄物、汚染物質をも水中に取り込み、下流へと運ぶ。植物は根から水を吸い上げ、そしてその水が栄養分を植物体内の隅々に運ぶ。植物体内における水の移動は生命活動にとって必要不可欠なものといえる。その植物体からの水の出口である気孔から水蒸気の形で大気中に放出する現象、すなわち蒸散作用は、水文循環だけではなく植物の生命活動にとっても大きな意味をもっている。

1.3 蒸発散

蒸発と蒸散、これらを合わせて「蒸発散」という。身近な体験、たとえば洗濯物を干すなどの日常の経験からも、蒸発現象は「空気が乾燥している」「よく晴れて日射が強い」「風が強い」ときに活発となることがわかる。一般に、蒸発量は風速や地表面に到達するエネルギー量、地表付近の水蒸気分圧の勾配などによって決まる。したがって、精確に蒸発量を求めるには、日射量、水蒸気分圧の勾配、風速の鉛直方向の勾配などを把握する必要がある。

地表面に水がなければ、条件がよくとも蒸発量はゼロである。地表に水があるかいなかは、地表面の状態、降水の履歴（当日、その前日、さらには前々日の降水など）や気象条件（日射や風速など）などに支配されて大きく変化するので、実際の蒸発散量、すなわち「実蒸発散量」を推定することは難しい。

そこで、まずは地表面が植生によって密に覆われている地域に水が十分にある状態を想定して、気象条件だけを考えてポテンシャルな蒸発散量、すなわち蒸発散量の上限値を求めることがよく行われてきた。「可能蒸発散量」あるいは「蒸発散位」とよばれるもので、ソーンスウエイト法、ペンマン法の二つが代表的なものとして知られている。これらは気候学的なデータ、あるいは気象学的なデータをもとに「可能蒸発散量」を推定するものであり、「実蒸発散量」とは異なる値となる。

日本国内の可能蒸発散量は 500 mm/y から 1,000 mm/y ぐらいまで変化す

る。一般的には、北海道や高冷地などでは小さく、九州、沖縄などではかなり大きい値が得られている。日本のように湿潤で森林や耕地で覆われている地域では、蒸発散はわれわれの目には見えない流れではあるが、可能蒸発散量に近い量となっており、水収支を考える上で「無視できない量」である。そして、その蒸発散をもたらすエネルギーが太陽から来るエネルギーであることは頭においておくべきである。

1.4　地表面への降水

　地表付近の水蒸気を含む大気が何らかの原因で上昇気流とともに上空に移動、断熱膨張が起きることによって冷却、水蒸気が凝結し、水滴が生じ、それらが落下して降水となる。降水をもたらす上昇気流の原因により、大きく「地形性降水」「前線性降水」「対流性降水」に分けることができる。いずれの降水現象も地域的な広がりを有するものの、多かれ少なかれ地域的に限定されている、すなわち、降水現象は局地的な現象であるといえる。降水が起きているのは雲の下に限られているので、当然のことながら、その範囲は空間的に限られているということである。

　蒸発によって大気中に水蒸気として戻った水は、蒸留水に近い状態、すなわち溶存成分の非常に少ない水となって降水として地表面に降ってくる。一方で、地表付近の水は蒸発によって失われるが、溶存物質は地表面付近に残される、すなわち、水は循環するが、溶存物質は循環することがないので、地表面に残された水の溶存成分の濃度は高くなる。また、地表面で風化された土砂やさまざまな物質は高きより低きに運ばれるのみで「循環する」ことはない。

　日本の年降水量の平均値は 1,700 〜 1,800 mm 程度、すなわち背の高い人の身長ぐらいである。もっとも、降水量には地域差があり、日本国内の多雨地域では 4,000 mm/y を超える地点もある。世界的にみてもこの値はかなり大きい値である。一方で、日本列島の内陸部では 1,000 mm/y を下回る地域もみられる。降水量には地域差が大きいということを頭に置いておく必要がある。

第 I 部　水文環境学の基礎的知識

---

1 章のキーポイント

1. 自然界の水の循環を良い状態に保全することが、良い水環境、良い水資源
　を守るために必要不可欠。
2. 降水として地表面に落下して地表を流れる水は、地表面を高きより低きに
　流れる。
3. 地表面や湖面、海面から水は蒸発して大気中に戻り、降水の源となる。

2 河川の形状と河川流出

2.1 河川流出が起きている場、河川流域の形状について
・流域とは

　ある河川の、たとえばある橋の下を流れる水はどこに降った雨が集まってきたものなのか、まずそれを考えてみる。地表面に落下してきた降水は当然のことながら、その地点の地形の勾配にしたがって流れ下る。図 2.1 の流域の立体モデルの図で、降水は落下した地点から等高線に直交して、高きより低きに地表水として流れることになる。地域内の各地点に降った降水が高きより低きに流れ、結果としてその出口、たとえばある橋の下にたどり着くような降水の「落下地点の分布」の全体、あるいはそのような点の集合を「流域」という。

　流域のなかを詳しく見ると山地の湧水などの水源から流れ出た水流がいくつも合流して流れ下り、平地に流れ出て大きな河川となる。小さな水流が流れる

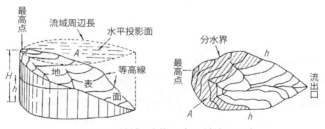

図 2.1　流域の立体モデル（高山 1974）

谷の入り方、ネットワークは降水の排水の経路を示し、その枝分かれの構造は水系網とよばれている。下流で大きな河川となっていても上流に行くにしたがって、いくつもの小さな水流に分かれていくが、その枝分かれの構造は樹木の枝分かれ、葉の葉脈の枝分かれに似た構造となっている。

・分水界

　地表面に落ちてきた降水は、尾根線を境に異なる流域を流れ、異なった出口

に流れ出る。特定の「流域」に降った雨は、その流域の出口に流れて出ていく。一つの流域と隣接する他の流域の境を「分水界」とよぶ(図2.1)。分水界の描き方は、地図上の任意の地点に降った雨が対象とする流域の出口に流れ出てくるかいなかを判断の基準にして、その点が流域の内にあるか外にあるかを区分けし、その境目を分水界とする。(ただし、これはあくまで地表を流れる水、地表水の分水界であり、地下水の分水界は必ずしも地表水のそれとは一致しない。)

・水収支の単位地域

流域は水収支の単位となるものであり、水文循環系の一つの「サブシステム」を構成するものである。したがって、流域は水循環を考える

図2.2 流域と水系の入れ方(国土地理院2万5千分の1地形図「中禅寺湖」に加筆)

上で最も重要な概念の一つである。流域に降った雨量、流域からの蒸発散量、流域からの河川水の流出量は、洪水解析やダムの建設計画などを考える上でもきわめて重要な意味をもつので、その前提となる流域も重要な意味をもっている。

図2.2に2万5千分の1の地形図「中禅寺湖」図幅中のX地点を出口とする流域の分水界を示した。

流域全体の水系を眺め、時間がかかる作業であるが、もし可能であれば「水系網」を描くことをお勧めする。谷の入り方と周辺地域の地形情報など、さまざまな現地の情報を得ることができる。図2.2には水系の一部を書き加えたものを示している。

2.2 水系網について

　水系網を描くことは、野外調査の準備の段階で調査地域、流域の地形の概要を知る手軽な方法の一つである。水系網を図に表した水系図を見ると流域内の谷の発達の状態を見ることができるとともに、侵食されやすい地質、断層活動の痕跡、破砕帯の存在なども推定することができる。水系網は同時に、降水の集水効率などを示すものであり、地表水が流出しやすいか否かを考える上でも重要な指標となりうるものである。水系図を描けるようになるためにも、意識して地形図に慣れ親しむことが重要である。

　現在市販されている国土地理院発行の地形図を見ると、河川などの水系は青で示されており、それらは「水線記号」とよばれている。実際には地図上の水線記号の有無と現場に水流が有るかいなかは必ずしも一致しない。それは、もともと2万5千分の1の地形図に示された水流は「川幅1.5 m以上の水流」に限られているからである。

2.3 河川の平均流速を求める式

　地表面に落下した降水は、地表面の高きより低きに流れ、水流を形成、合流してより大きな水流、河川に成長していく。降水時に、地表面に薄い布状の流れを形成していく流れを布状流と呼ぶ。その流れが集まり小さな水流を形成、徐々にそれらが集まってさらに大きな水流、河川へと変わていく。

　河川の水の流れの速さは、何によって決まるのであろうか。一般に河川の水面の勾配が大きければ流速は速くなり、また河底、河床が滑らかなほど、そして流れが河床と接している部分が相対的に小さいほど速くなると考えてよい。その関係を水理学的に表したものが、下記のマニングの平均流速公式である。

$$v_m = \frac{1}{n} R^{\frac{2}{3}} I^{\frac{1}{2}} \qquad\qquad \cdots\cdots（式 2.1）$$

　ここで、v_m は平均流速（m/s）、R は径深（断面積／潤辺（水に接している河床の長さ））、I は水面の勾配、n は河床面の凹凸の状態を示し、水の流れを阻害する指標となる係数で、粗度係数とよばれているものである。

　水路を流れる流れでも、布状に地表面を流れる流れでも、それらの流速は河

床や地表面の状態に大きく左右される。地表面や河床の状態は複雑であり、したがって粗度係数などは場所によって変わる。それらの値は複雑な分布をしており、自然河川で精確に把握するのは難しい。

2.4　河道への水の供給〜河川流出の3成分〜

　河川のある地点、たとえばある橋の下を横切る河川水は、流域内の「表面流出水」「地下水流出水（基底流出水）」、それに表面流出水と地下水流出水の中間の「中間流出水」（側方浸透流もその一部）の3つの成分に大きく分けることができる。

・流出3成分の割合を水収支式、物質収支式から求める方法

　表面流出水、中間流出水、地下水流出水のそれぞれの割合を推定する方法としては、時間とともに流量が減少（減衰）する状況から推測するバーンズ法などが知られているが、近年においては、それぞれの水質の差を用いた物質収支式と水収支式を併用して求める方法がよく用いられている。以下にその方法について簡単に述べる。

　降水が地表面を伝わって流れ出る地表流出水の量とその水質の濃度をそれぞれ Q_s、C_s とする。そして、流域内からの河川に流れ出る地下水、地下水流出量とその水質を Q_g、C_g、地表面下の比較的浅いところを流れて河川に流入する中間流出水の量、その水質を Q_i、C_i とする。そして、それらが合わさった河川の流量と水質を Q_q、C_q とする。これらの関係は以下の式で示される。

$$Q_q = Q_s + Q_g + Q_i$$
$$C_q \cdot Q_q = C_s \cdot Q_s + C_g \cdot Q_g + C_i \cdot Q_i \qquad \cdots\cdots （式2.2）$$

　ここで観測できる量は、C_q、Q_q と C_s、C_g、C_i であり、未知数は Q_s、Q_g、Q_i の3つである。ということは、上記2式の他に、別の水質をもう一種類計測、2つ目の水質成分の濃度を C_2 して、第3の式を立てる。

$$C_{2q} \cdot Q_q = C_{2s} \cdot Q_s + C_{2g} \cdot Q_g + C_{2i} \cdot Q_i \qquad \cdots\cdots （式2.3）$$

この３元連立１次方程式の解として、Q_s、Q_g、Q_i を求めることができる。この手法は、河川水が、布状流などの表面流出水、それに比較的浅い側方浸透流などの中間流出水、深いところから河川に湧出する地下水流出水（基底流出水）の３つの成分を対象とする「エンドメンバー法（端成分法）」による分離法と考えてよい。

2.5 河川流出量の変化について

　表面流出、中間流出、基底流出によって河川に流れ出る水のそれぞれの量とその変化について考えてみる。降水として地表面にもたらされた水の流出現象を地表面の複雑な凹凸、浸透しやすさの違いなど、不均質な地表面の状態を反映させて計算することは事実上困難である。そこで、以下のような観点から現象をとらえていく。

　まず明らかなことは、一般的に流域内が乾燥しているときには河川を流れる水の量は少ない。また逆に大雨の後のように地表面が水浸しのときには河川の流量は多い。そのことから単純に河川流出量 $Q(t)$ が、流域の貯留量 $S(t)$ に比例するものと考えると、両者の関係は次の式で表すことができる。

$$Q(t) = \alpha S(t) \qquad \cdots\cdots（式 2.4）$$

ここで α は流量の減衰係数である。

　無降水時には、流出量 $Q(t)$ は流域の貯留量 $S(t)$ の変化量（減少量）と等しくなることから、

$$Q(t) = -\frac{dS(t)}{dt} \qquad \cdots\cdots（式 2.5）$$

となる。これらの関係から、式（2.4）と式（2.5）を等しいと置いて解くと

$$Q(t) = Q(0)e^{-\alpha t} \qquad \cdots\cdots（式 2.6）$$

が得られる。ここで、$Q(0)$ は時刻 0 のときの流量である。河川の流量は無降

水時にはほぼ指数関数的に減少していくという経験則と一致する。流量が多いときには流量は急激に減り、流量が少ないときには流量はゆっくりと減ることになり、我々の日常的な経験と一致する。

・流出量を解析するタンクモデル

前述のように河川流出には、大きく分けて「表面流出」、「中間流出」、「基底流出（地下水流出）」の3つの経路が考えられる。また地表面から土壌や地層の中に、そして地下水へと下降浸透する流れも考慮に入れて、流域内の「鉛直的な水の流れ」も考える必要がある。表面流出水の流出は地表面の粗度などの流れ難さの影響を受け、また、基底流出水は地層の小さな間隙の影響を受けてその間をゆっくりと浸透して流れる。結果として「表面流出」、「中間流出」、「基底流出（地下水流出）」の順に流れ出やすくなる。そこで前述の指数関数的に減少する流量の特性を取り入れて図化したものが図2.3である。それぞれのタンクの右側の穴は流出口であり、その大きさにそれぞれの流出成分のαの値を対応させている。一番上のタンクが「表面流出」、中間のタンクが「中間流出」、最下部のタンクが「基底流出」を示している。それぞれのタンクからの流出量が合わさったものとして河川流出量を算定する。一般的には3段（場合によっては細分化して4段）のタンクを直列型に配置したものを考え、係数を変えながら現実の河川流出量に合うタンクの構造を考えていくことになる。

ここで上段のタンクを例にそれぞれの記号について説明する。sは貯水高、h_1、h_2は流出口の高さ、α_1、α_2は流出口の係数である。そして、最上段のタンクの上部の孔からの流出高は、流出孔より上の部分のみが流出に寄与すると考え

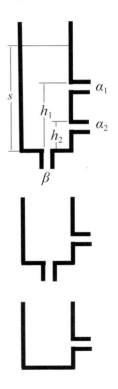

図2.3 タンクモデル模式図
（菅原 1972）

2 河川の形状と河川流出 *11*

$$\alpha_1(s - h_1) \qquad\qquad \cdots\cdots（式 2.7）$$

として求め、下部の孔からの流出高は

$$\alpha_2(s - h_2) \qquad\qquad \cdots\cdots（式 2.8）$$

として、それらの合計が上段タンクからの流出、表面流出高となる。これに流域面積を掛ければ表面流出量に相当する量になる。

　また、より深い地層への浸透しやすさを示すパラメーターを β とし、$\beta \cdot s$ を地表面から地下に浸透する量に相当するものとして考える。

　このモデルは降水量を入力として与え、パラメータを試行錯誤しながら実際の河川流量に合わせ、その結果を用いて予測するモデルである。このモデルは菅原（1972）によって構築され、一般に「菅原のタンクモデル」とよばれているものである。そのタンクの構造の模式的な例が図2.3に示したものである。

　地表面の粗度、水の流れを阻害する凹凸や土壌の浸透のしやすさ、地層の重なり具合などを、流域全域にわたって正確に把握することは不可能である。タンクモデルは複雑な流域の状態を単純化し、予測に用いることができるように簡略化したものである。しかしながらこのモデルにおいては水の質量保存と河川流出の減衰特性、流域地質の多層構造などが組み込まれていることになる。ただし、このモデルでは流域内の特定の地点の貯留量、水分量などを予測できるものではない点に留意しておく必要がある。

2.6　ハイドログラフ

　河川の流量は、時々刻々と変化する。降水の直後には増加し、降水が終わると水量は指数関数的に減少していく。降水に伴って河川の流量が増加し、その後に減衰していく状況は、河川流域の形状、地表面の状態、植生の影響を強く受ける。そこで、降水量と河川の流量を大きな流域であれば1日1回、中規模流域であれば1時間に1回、小規模流域であればそれよりも短い間隔で計測し、横軸に時間、縦軸に河川流量をプロットして、滑らかに結んだグラフを

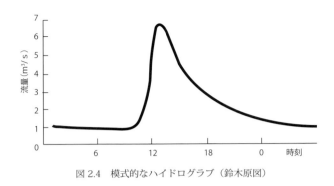

図 2.4　模式的なハイドログラフ（鈴木原図）

作成する。その結果得られるグラフを「ハイドログラフ」という（図 2.4）。

　ハイドログラフの形状は流域の特性と降水の変化を反映することから、河川流出を考えるための基礎的な資料となる。図 12.5（→ 12.3 参照）にはハイドログラフの例を示しているが、この図には河川流量のハイドログラフとともに、降水量、河川水の水質を示す電気伝導率、そして周辺の浅層地下水の水位が示されている。

文献

高山茂美（1974）『河川地形』　共立出版
菅原正巳（1972）『流出解析法』共立出版

---

2 章のキーポイント

1. 下流から上流に行くにしたがって、より小さな水流に枝分かれしている。
2. 河川の平均流速は、河川の水面勾配、河床の凹凸などによって決まる。
3. 河川を流れる水は、地表流出水、中間流出水、地下水流出水に大別される。
4. 河川流量は降雨後に増水し、降雨停止後に時間とともに減少する。

3 湖沼の世界

3.1 成因、形状、水色、透明度

湖という言葉を聞いたとき、まずその形や色が思い浮かぶ。湖の形は、成因と密接に関係する。また、湖と沼との違いについて、湖は一般に地表にある水体の中で水深が 5m 以上のものをいうが、降雨が少ない時期に水深が浅くなるものもあり、あまり厳密ではない。また、沼とは、比較的浅い水体で湖底に沈水植物が繁茂しているものをいう。さらに、固有の名前で湖や沼とついていても、この分類と異なることも多い。

・成因

湖の形は、円に近い形から複雑な形のものまでさまざまである。円に近い形の湖として、カルデラ湖や火口湖などがある。カルデラ湖は火山体の山頂部が深く陥没した窪地に湛水したもので、深い湖が多い。例として、田沢湖、十和田湖、池田湖などがある。複雑な形の湖の代表は、堰止湖である。火山活動による火砕流や溶岩流、泥流などで川が堰き止められたものが多い。例として、中禅寺湖、檜原湖などがある。また、外国にはモレーンによる堰止湖も多い。断層など構造運動による湖も形が複雑なものが多く、断層湖は細長く深いものが多い。例として、バイカル湖、タンガニーカ湖、日本では木崎湖などがある。日本には、もともと海であったところが砂州などによって海から切り離されて淡水化した湖も多い。海水が流入し塩分が多い湖は、汽水湖とよばれる（森・佐藤 2015）。

・形状

湖の形を知るには、国土地理院発行の地形図や湖沼図、航空写真、地方公共団体が出している大縮尺の地図などを利用する。小さい湖沼や貯水池で既存の資料がない場合は、自分で測量しなければならない。湖岸線の決定は、湖岸に適当な長さの基線を決めて、両端の地点から湖岸の主要な地点の角度を測定していく方法と、湖岸の 1 地点（基点）から適当な次の点までの距離と角度を測りながら湖の周りを一周して決める方法がある（図 3.1）（→ 7.4 参照）。

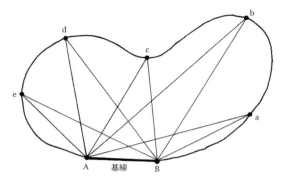

（1）基線を用いて測定する方法

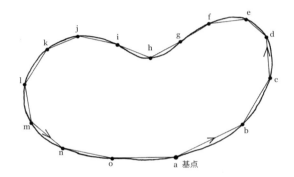

（2）湖岸を一周して測定する方法

図3.1　湖岸線の決め方（佐藤原図）

・**深度**

　日本の代表的な湖沼の深度は、国土地理院発行の地形図や湖沼図に記載されているので、改めて深度を測る必要はない。しかし、小さな湖沼や貯水池で資料がない場合は、重りをつけたロープや巻尺を使ってボートから測定する。その際は、ボートの位置を正確に測ることが重要である。水面に目盛りのついたロープを縦・横に張り、それに沿って適当な間隔で深さを測る。大きい湖でロープが張れない場合は、ボートの位置を決めるために、湖岸の2定点からの角度を測定する方法と、ボートから湖岸の建物や山頂などの2点の角度を測定する方法がある（図3.2）。

　また、GPSの位置情報や軌跡機能を利用すれば、湖盆図や湖岸線図の作成に

3 湖沼の世界　　　15

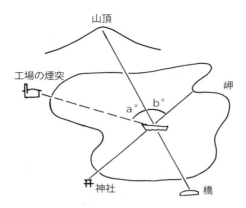

図 3.2　ボートの位置の決め方（新井 2003 を一部改変）

役立つ。深い湖沼や大きな湖沼での深度の測定は、音響探査による測定が一般的である。湖内の適当な複数の地点の深度について等値線図を描けば、湖盆図ができる。

・**容積**

　湖の容積は、湖盆図を用いて、深度別の面積をプラニメータなどを使って測定することにより求める。プラニメータがないときは、方眼紙を用いればよい。

・**色**

　湖色は、水中を透過する光と、水中に溶けている物質および浮遊している物質などによって決まる。また、太陽光が入射する向きによっても変化する。そのため、湖の色と感じているのは、湖面に反射している空や岸辺の色の影響を受けていることが少なくない。そのような影響をできるだけ少なくして湖の色を決めるためには、船などから落ちないように注意して湖面を真っ直ぐに見下ろすことが必要である。

　湖面から入射した光は、水中を進むにつれて吸収され散乱する。水中を進む光は、水中の浮遊物質などが少ない場合、赤や橙のような波長の長い光はよく吸収され、深いところまで届かない。しかし、青や藍の光は深いところまで届いて水の分子で散乱されて湖面に戻ってくるので、湖水は青く見える。溶存物質や浮遊物質が多い場合、光の吸収や散乱はその量によって異なるため、水深

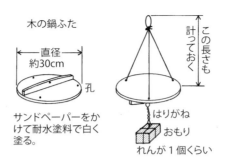

図 3.3 手製のセッキーの円板（新井 2003）

が浅いところで散乱されて戻ってくる光が増え、波長の長い赤や黄の光も含んでさまざまな色となる。また、プランクトンおよび懸濁物質の色やその量によって湖水の色が変化することもある。

草津湯釜は、独特の緑白色をしているが、これは水中に漂う火山性微粒子や硫黄を含んだ懸濁物質などによる。湖水が赤く見えることもあり、これは湖底や湖岸に赤褐色の鉄の酸化物が沈殿しているためであることが多い。

湖の色の測定は、標準色と見比べる。青から緑色の標準は、フォーレルの水色標準を用いる。黄色から茶色の標準は、ウーレの水色標準を用いる。いずれの標準色も、市販されている。上から真っ直ぐに湖面を見て、標準色と最も近い色を決める。

・透明度

透明度は、セッキーの円板とよばれる直径 25 〜 30cm の白色円板（透明度板）で測定する（図 3.3）。この円板を水中に沈め、見えなくなった深度を透明度とする。測定は、徐々に円板を沈めていき、見えなくなった深度と、さらに沈めたのち引き上げて見え始めた深度の平均をとる。実際には両者の差はほとんどなく、観測者による差もほとんどない。透明度は、湖水の循環や水中の懸濁物質、プランクトンなどの量により季節変化する。また、測定が単純であるため、ほかの湖との比較や過去の資料との比較が容易であり、環境変化などの指標として有効である。

透明度は湖水中の生産とも密接に関連しており、透明度の約 2 倍の深さは

補償深度とよばれ、湖の栄養生成層（日射が届き植物プランクトンの生産が行われる層）と分解層（日射が届かないため生産は行われず分解が卓越する層）の境とされる。

3.2 水温と循環

・水温

　湖の水温は、気温や日射量などのために地域による変化や季節変化がみられる。水温の変化から、湖は主に熱帯湖、温帯湖、寒帯湖の3つに分類される。熱帯湖は水温が冬でも4℃以下にならない湖、温帯湖は夏には水温が4℃以上となるが、冬には4℃以下になる湖、寒帯湖は夏でも水温が4℃以下の湖で、寒帯湖は日本ではほとんどみられない。

　熱帯湖といっても夏の水温が20℃を少し超えるくらいで冬には4℃近くになる湖もあれば、温帯湖といっても夏には表面水温が30℃近くになる湖もある。また、一般に熱帯湖とみなせる湖でも、年によって4℃以下になる湖もある。

　湖の特徴や性質を考えるときに、水温が最も重要な要素の一つとされるのは、水の特殊な性質によっている。水は1気圧のとき、約4℃で密度が最大となる。すなわち最も重いと考えてよい。水温が高くなるにつれて密度は小さくなり、4℃より低くなっても密度は小さくなり、凝固し氷となるとさらに小さくなる。このことは、湖水の循環と深く関連している。

　海水の密度は、主に温度、塩分、圧力によって決まるが、湖では水圧の影響はほとんどないと考えてよい。また塩分も一般には無視してよいので、水の密度はほぼ水温によって決まるとみなしてよい。

・表水層と深水層

　冬の間、湖面が氷におおわれていた湖は、春になると氷が融けて湖面から湖底までの密度差がなくなり、湖面を吹く風などによって湖底まで水が循環し混合する。結氷していなかった湖においても同様のことが起きる。その後、日射が増し気温が高くなるにつれて、湖面は温められ水温も高くなる。温められた水は軽いので表面にとどまっているが、風によって撹拌され同じ温度の層ができる。また、夜には表面の水は冷却されて重くなり、同じ密度の層まで下降し、結果的に水温が同じ層が作られる。この層はやがて夏になってさらに湖水が温

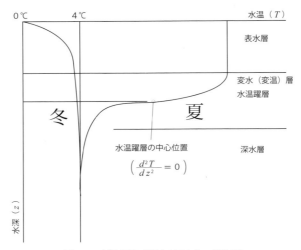

図3.4 水温成層(新井2004を一部改変)

められると、密度が小さい、すなわち軽い水の層となる。これは表水層とよばれる。

　湖底に近い水は、冬の間温度が低くなり重いので停滞している。深い湖だと湖底付近では4℃に近い温度であるが、比較的浅い湖だと、春になると風の影響が深いところまで及んで、4℃より高い水温となる湖も多い。水温が低い深い層は、深水層とよばれる。

・循環

　夏の間、表水層はますます温められるので軽くなり、深水層との温度差が大きくなると、中間に温度が急激に変化する層がみられるようになる。これは、水温躍層(変水層)とよばれる。すなわち、夏の湖は3層構造をしていることになる(図3.4)。

　表水層と深水層との水の行き来はきわめて少なく、水質も全く異なることが多い。表水層は、主に風によって撹拌されるのでその厚さは、風の強さや吹送距離によって決まり、とくに吹送距離によっている。したがって、水温躍層の深度は、吹送距離と密接に関連する。

　秋になって日射が弱まり気温も低下し、湖面における冷却が始まると冷やされた水は密度が大きくなって下降し、循環が起こる。すなわち、表水層は厚さ

が増し、水が混合する。循環する深さは、湖面における冷却量に大きく関連し、秋が深まると水温躍層は下降してやがて深水層の水温と同じになる。このような状態では、湖面から湖底までの密度差がきわめて小さいため、湖底までの循環が活発に生じる。しかし、湖水が湖底まで循環できるだけの冷却がないと、循環は冷却量に見合った深さまでしか起こらない。

　深度が233mの鹿児島県池田湖では、数十年前までは、数年に1度出現する寒い冬に湖底までの循環があったことが知られているが、それ以降は寒い冬が訪れず、湖底までの循環は生じていない。湖水中の酸素は主に湖面から供給されるため、池田湖の湖底付近は無酸素状態となっている。

　晩秋から冬にかけて、湖水の温度が全層4℃になったあと、湖底付近の水温が4℃以下となることもある。これは4℃以下の冷たく軽い水でも、風の影響などで湖底まで循環し、低い温度となっていると考えられる。湖面での冷却がさらに増すと、表面は結氷する。0℃近くの水は軽いために表面近くにとどまり、風のない静かな明け方に氷が張ることが多い。結氷後の水温は、湖面付近は約0℃で深度が増すにつれて温度が上がり、湖底付近では4℃あるいはそれより少し低い温度となっている。

　気温低下の著しい北海道の湖でも、支笏湖のように容積が大きい湖では湖面が結氷しないことが多い。栃木県中禅寺湖も標高1,269mと高地にあるにもかかわらず結氷しない湖で、1984年の冬に約40年ぶりに全面結氷し、それ以降は、結氷していない。

3.3　湖流

　湖水の水平的な流れで主なものは、風によって引き起こされる吹送流で、一般的には風速の1～5％に相当する流速をもつ。小さな湖では定常的な流れが認められないことが多いが、大きな湖では表面に近い層で、一定の方向をもった環流がみられる。たとえば琵琶湖では、3つの環流がみられ、最も北の流れは反時計回り、中央の流れは時計回り、その南の流れは反時計回りであることが観測されている。

　湖流の向きや速さは、風速や風向、湖岸や湖底の形などが複雑に関係している。小さな湖の観測例はあまり多くないが、一例を図3.5に示す。湖面に近い

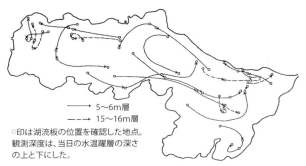

図 3.5　湖流の観測例（中禅寺湖、1983 年夏）（新井 2003 を一部改変）

層での湖流は、岸に吹き寄せられたのち、左右に分かれたり、より深い層にももぐったりする。そのため、やや深い層では湖面に近い層とは逆の向きの流れがみられることもある。

　垂直的な流れは、水の密度差によって生じた不安定状態を解消するための流れと吹送流にともなう乱流によるものなどがあるが、深いところまで到達する流れは、ほとんどが密度差によるとみなしてよい。垂直的な流れは、水平的な流れに比べて流速が小さい。直接的な観測例は少ないが、1cm/s 以下から数 cm/s といわれている（新井 2004）。しかし、湖の深さを考えれば、湖底まで達するのにあまり時間はかからない。湖面冷却によって生じる垂直流は、秋から冬にかけて顕著であるが、夏でも夜間に湖面が冷却されることによる流れが認められる。

　湖流により、溶存している物質や浮遊している物質は一般に混合し拡散するが、物質を収れんさせることもある。たとえば、湖面の木の葉が風下に集まることや、水中のプランクトンなどが一定の場所に集積するなどの現象がみられる。

3.4　水収支

　ある水体に、一定期間にどのくらいの水が流入して、どのくらいの水が流出するかのことを水収支という。水収支は、家庭の収入と支出を考えるとわかりやすい。湖沼は河川に比べて滞留時間が長く、水収支の把握は重要である。

3　湖沼の世界

・**考え方**

　ある期間内の湖の水収支をごく簡潔に表すと、次の式となる。

$$I - O = \Delta S \qquad \cdots\cdots (\text{式 } 3.1)$$

ここで、I は全流入量、O は全流出量、ΔS は貯留量の変化で、変化がないとみなせれば無視できる。

　湖への流入量として主なものは、湖面への降水としての流入量、流域からの表流水（河川）流入量、地下水流入量などである。流出量としては、湖面からの蒸発による流出量、表流水（河川）流出量、地下水流出量、取水量などがある。

　湖の水収支を明らかにするためには、上記の各項目ごとにその量を算定する。

・**流入量の算定**

　湖面への降水としての流入量は、降水量に湖面積を乗ずることにより求める。流域からの表流水流入量は、湖に流入する河川の流量をすべて観測することになるが困難なので、主要な河川の流量を観測し全体を推算する。また、地下水流入量を実測することはきわめて困難なので、流域への降水は蒸発を除いてすべて湖に流入すると仮定して、流域への降水量から蒸発量を引いた値に流域面積を乗じる方法もある。この場合、流域から湖を経ないで流域外に流出する地下水が多い湖では誤差が大きくなる。そのため、湖からの地下水流出量も考慮して、正味の地下水流入出量として算出することも多い。

・**流出量の算定**

　湖面からの蒸発による流出量は、蒸発量に湖面積を乗じて求める。蒸発量算定にはいくつかの方法がある（→ 9.3 参照）。表流水流出量は、湖から流出する河川の流量を測定することにより求める。地下水流出量を直接求めることは、きわめて困難なので、水収支式の残差として上述のように正味の地下水流入出量として算出することが多い。人為的な取水量は、取水の期間や量がさまざまなので、それを管理する団体等への聞き取りが不可欠である。

・**貯留量の変化**

　貯留量の変化は、水位変化量に湖面積を乗じて算出する。水位の変化が湖面積に大きく影響する湖では、そのことも考慮しなければならない。水収支の期

間を1年とすれば、貯水量の変化は0とみなせることが多いが、その時はその1年をいつから始めるかが重要であり、一般的には水位の安定する時期を選ぶ。

　生活用水や農業用水として利用されている湖も多く、水収支を明らかにすることはきわめて重要である。水収支の算定精度を上げるためには、より厳密な考察やそれにともなう計算を必要とする。

・滞留時間

　水収支は、湖に流入した水の滞留時間にも大きく関係する。すなわち、流入量が多く、湖の容積がほとんど変化しないのであれば、その湖における水の滞留時間は短くなると考えられる。湖の容積を単位時間内の流入量で除した時間を平均滞留時間とすると、湖が完全に混合していると仮定した場合、平均滞留時間が過ぎると湖水の約63％が入れ替わる。すべての水が入れ替わるには、無限大の時間がかかるが、平均滞留時間の約4.6倍の時間で99％の水が入れ替わる。温帯湖の多くは、1年の期間を考えればよく混合していると考えてよい。水収支式各項の値や平均滞留時間などは、湖の環境問題を考察するときに不可欠な要素である。

3.5　湖沼型

　山地の深い湖は、青く澄んでいてきれいな印象を受ける。一方、平地の浅い湖は黄緑や茶色などで、少し濁っているようにみえるが、窒素やリンといった生物生産に必要な栄養塩類が豊富で、植物プランクトンの量なども多い。そのため、湖内の魚類などの種類や量も多くなる。

・調和型湖沼

　湖への栄養塩類の供給は水中の生物生産に密接にかかわっているが、生産を妨げるような物質が少なく、さまざまな栄養塩類の調和が取れている湖を調和型湖沼とよぶ。調和型湖沼において、山地の深い湖などでは、栄養塩類が少なく、水中の生物も少ない。そのような湖を貧栄養湖とよぶ。その後、少しずつ土砂などが堆積し浅くなっていき、さまざまな栄養塩類が流入して生物が増え、富栄養湖へと遷移する。平地の浅い湖は富栄養湖であることが多い。貧栄養湖が富栄養湖に移り変わっていくことを富栄養化という。自然の状態でこの変化が起こる速さは、数百年から数万年のオーダーで、一般的にはきわめて遅い。一

方、湖の周辺で人口が増え産業が盛んになると生活排水などが大量に流入するようになり、富栄養化が加速する。急激に進む富栄養化は、水質汚濁や悪臭などを引き起こし、社会生活に悪影響を及ぼす。このような人的富栄養化を抑制するために、生活排水や工業排水の処理、農業排水の管理など、さまざまな対策が取られている。たとえば、手賀沼では、1960年代から急速に富栄養化が進んだが、多くの対策が取られ水質は徐々に改善されている。

・非調和型湖沼

湖水中に溶存する物質に生物生産を阻害するものが含まれている湖沼を、非調和型湖沼とよぶ。非調和型湖沼には、腐植栄養湖、酸栄養湖、鉄栄養湖などがある。腐植栄養湖は、水中に腐植質を多く含み、栄養塩類は少なく水質は酸性である。水色は褐色であることが多く、湿原や泥炭地などにみられる。酸栄養湖は、湖水が酸性の湖で、自然起源のものと人為的なものがある。自然起源の酸栄養湖は、火山活動によるものと湿地性のものがある。火山活動によるものは強酸性で、群馬県湯釜、宮城県潟沼などがあり、これらの湖沼は、世界的にみてもめずらしい。湿地などにみられるものは弱酸性である。人為的なものとして酸性雨によるものがあり、北米や北欧に多くみられる。また、鉱山廃水などが流入したことや、田沢湖のように酸性の河川水を導水したことにより酸性化した湖もある。鉄栄養湖は、水中に鉄分が大量に含まれる湖で、鉄の沈殿物が湖岸や植物に付着して赤褐色を呈していることが多い。

文献
新井　正（2003）『水環境調査の基礎　改訂版』古今書院
新井　正（2004）『地域分析のための熱・水収支水文学』古今書院
森　和紀・佐藤芳徳（2015）『図説　日本の湖』朝倉書店

3章のキーポイント

1. 湖の形は、成因と密接に関係する。
2. 透明度は、他の湖や過去の資料との比較に有効である。
3. 水温分布は、湖の特徴を最もよく表している。
4. 湖の水収支の算定は、湖水の利用に重要である。
5. 湖水の滞留時間は、環境問題を考えるときに不可欠である。

4 地下水の流れと汚染

4.1 ダルシー流速（見かけの流速）と実流速

地下水は、地層を構成している礫や砂などの粒子と粒子のすき間、あるいは岩盤中にできた割れ目（裂か）をぬうように流れる。このようなすき間や割れ目を"間隙"という。一例を図4.1に示す。地層中に占める間隙の割合は間隙率とよばれ、次式で求められる。

$$間隙率 = \frac{間隙の全容積}{地層の全容積} \quad \cdots\cdots (式 4.1)$$

間隙率は、地層を構成する物質の種類や地層ができた年代などによって異なるが、目安として表4.1にその例をあげる。間隙率の詳しい求め方については、

図4.1 間隙（安原原図）

表4.1 間隙率の例（山本荘毅編1968）

	地層	間隙率		地層	間隙率
沖積	礫層	25%	洪積	砂礫層	30%
	細礫層	35		砂層	35-40
	砂丘砂層	30-35		ローム層	50-70
	泥質粘土層	45-50		泥質粘土層	50-70
第三紀	砂岩	40		溶岩層	40
	泥岩	40			

立正大学地球環境科学部環境システム学科編（2016）などを参照するとよい。

間隙をぬうように流れる地下水の流速は、河川水に比べると非常に小さい。河川水の場合、河川の勾配や河道の横断面の形などの条件によって異なるものの、流速は10cm/s～1m/s前後であることが一般的であり（すなわち、1日あたり10～100 km程度）、洪水時には数m/s以上になることもある。日本で最も長い河川の信濃川でも、その長さは350 km程度であるから、最上流部に降った雨でも通常なら数日、遅くても半月もすれば河口に達する計算になる。一方、地下水の流速は、地層がどのような粒子によってできているかによって大きく異なるが、1日あたり数cmから数m程度と考えておけばよい。つまり、

4　地下水の流れと汚染　　　*25*

河川水に比べると地下水の流速は桁
違いに小さい。

　地下水が地層中を流れる難易の指
標として、しばしば飽和透水係数と
いう定数を用いる。飽和透水係数は

表 4.2　飽和透水係数の例（山本荘毅編 1968）

地層（物質）	飽和透水係数
細砂	0.016 cm/sec
中砂	0.086 cm/sec
粗砂	0.34 cm/sec
小砂利	2.8 cm/sec

速度の単位をもち、地層ごとに特有の値を示す。飽和透水係数の求め方には室
内法と野外法（揚水試験）がある（立正大学地球環境科学部環境システム学科
編 2016）が、値が大きいほど地下水はその地層中を流れやすい。一例として、
砂と礫についての飽和透水係数を表 4.2 に示す。この飽和透水係数に地下水面
（正確には全水頭）の傾き、すなわち動水勾配を乗ずることによって地層中を
流れる地下水の流速（ダルシー流速）を求める。

$$\text{ダルシー流速} = \text{飽和透水係数} \times \text{動水勾配} \quad \cdots\cdots（式 4.2）$$

　たとえば、水平距離 100 m の間で地下水面の標高が 1 m 低下している場合、
動水勾配は 1/100 ＝ 0.01 となる。地下水面の形は地表面の形状に規制される
ことが多い。このため、たとえば扇状地のように地表面の傾きが急なところで
は、傾きが緩やかな三角州や海岸平野に比べて、地下水面の傾き、すなわち動
水勾配が大きくなる。したがって、同じ飽和透水係数を有する地層であっても、
扇状地の地下水の流れは三角州や海岸平野より速くなる。そして、このダルシ
ー流速に地層の断面積をかけあわせれば、ある地層の断面を単位時間に通過す
る地下水の流量を算出することができる。

　ここで注意をしなければいけないのは、このように求めた地下水の流速、す
なわちダルシー流速はあくまで「見かけの流速」であり、地下水の実際の流速、
すなわち「実流速」ではないという点である。実際の地下水は粒子の間隙をぬ
うように流れており、地層の断面全体を流れているわけではない。さらに、間
隙のなかでも粒子の表面に近い部分の水は粒子表面に強く保持されているた
め、流動に関与しない。したがって、実流速を知りたければ、式 4.2 で求めた
見かけの流速を有効間隙率、

$$有効間隙率 = \frac{流動に関与する間隙の全容積}{地層の全容積} \qquad \cdots\cdots（式4.3）$$

で割る必要がある。すなわち、

$$実流速 = \frac{見かけの流速（ダルシー流速）}{有効間隙率} \qquad \cdots\cdots（式4.4）$$

　たとえば、見かけの流速を 0.001 cm/s、有効間隙率を 0.2（20%）とすると、式 4.4 より地下水の実流速は 0.001/0.2 ＝ 0.005（cm/s）となる。このように、実流速は見かけの流速より必ず大きい。また、式 4.1 と式 4.3 から明らかなように、有効間隙率は間隙率より小さい値となるが、有効間隙率を測定する確実な方法はまだ知られていない。

　地下水汚染の程度は一般に汚染物質の濃度で表される。しかし、汚染物質濃度が低い地下水であっても、その流量が多ければ下流にもたらされる汚染物質の量は大量となり、水環境に与える影響は深刻になる。したがって、地下水汚染の問題を定量的に考える際には、汚染物質の濃度と流量の積に基づいて評価する。この濃度と流量をかけあわせたものを汚染物質負荷量とよぶ。式 4.2 で求めた見かけの地下水流速に地層の断面積を乗じて流量を求め、それに汚染物質の濃度をかけあわせることで、汚染物質負荷量を求める。

　一方、上流の汚染源から下流の任意の地点へ汚染物質が到達する時間を考える際には、地下水の実流速に基づいて検討しなければならない。とくに、ごく少量でも人間の健康に重大な影響を及ぼす重金属や放射性核種といった汚染物質の場合、安全率も考えた上で実流速に基づく到達時間の慎重な予測と対策が欠かせない。このようなケースで、見かけの流速を用いて議論を進めている事例が散見されるが、前述したように実流速は見かけの流速の何倍も速いことがある。このため、汚染物質の到達時間を見かけの流速に基づいて予測してしまうと、安全対策が遅れる結果となる。

4.2　地下水の滞留時間と水質

4 地下水の流れと汚染 *27*

　地下水の流速は非常に遅い。このため、地表からしみこんだ降水が地下水と
なったのちに経過した時間、つまり地下水として地下に留まっている時間（滞
留時間）は大変長い。同位体を指標に用いて明らかになった地下水の滞留時間
の例をあげると、八ヶ岳や富士山などの火山山麓に分布する大規模な湧水で
は、その地下水の滞留時間は 30 ～ 50 年くらいである。武蔵野台地などの洪
積台地では、深さ 10 m 前後までの浅い地下水は数年～ 10 年程度、深さ 100
m から 200 m くらいの深い地下水になると数百年程度が滞留時間の目安とな
る。

　このようにきわめてゆっくりと流れ、地下に長期間とどまることは地下水の
水質に好ましい影響を与える。汚染物質が混入した場合でも、地下水が流れて
ゆく過程で、地層を構成する粒子の間隙より粒径が大きい汚染物質はその間隙
を通過できない。つまり、物理的なろ過作用（自然浄化作用）が働く。また、
地下水中に含まれている有機物などの汚染物質は、粒子の表面に吸着されたり、
微生物によって徐々に分解される。水道水の浄化処理で用いられる緩速ろ過法
と似た生物化学的なプロセスが働き、濁度や臭味が除去される。火山の湧水や
扇状地の地下水がおいしいのはこのためである。さらに、地層を構成する粒子
と長い時間接触することで、鉱物からカルシウム、マグネシウム、カリウムな
どが徐々に溶出してくる。こうして、地下水はミネラル豊富な清浄な水となる。
　一方で、地下水の自然浄化能力を超える汚染が起こった場合、地下水がもと
の状態に戻るまでにはきわめて長い時間が必要となる。数日もすれば汚染物質
の大半が下流に流れていってしまう河川とは対照的である。東京都の豊洲新市
場の開場に向けて行われてきた地下水浄化対策をみれば、一旦汚染されてしま
った地下水を人工的に浄化するために、どれほど膨大な経費と時間がかかるか
がわかる。地下水は一度よごしてしまったら、まずとりかえしがつかないと考
えておくべきである。

4.3 地下水汚染物質と地下水中での挙動

　地下水の汚染には、家庭雑排水による汚染、工場排水による汚染（故意また
は過失による不適切な工業廃水の処理を含む）、農薬・肥料・家畜の排泄物な
どの農業活動にともなう汚染などいろいろなケースがある。現在、事故で停止・

廃炉作業中の福島第一原子力発電所では、放射性核種が地下水に混入する事態が続いている。非常に稀なケースではあるが、これも地下水汚染の一例である。

地下水の流れは、地層の水の通しやすさ（飽和透水係数）や地下水面の傾き（動水勾配）などに支配されるが、地下水中の汚染物質も基本的にはこの地下水の流れにしたがって移流・拡散してゆく。メディアでよく取り上げられ、しばしば社会問題となる地下水汚染物質としては、硝酸イオンや塩化物イオン、重金属類（カドミウム、六価クロム、水銀など）、石油類（ベンゼンなど）、有機塩素系溶剤（トリクロロエチレンなど）がある。

硝酸イオン（NO_3^-）は、全国的に最も多数の事例が報告されている地下水汚染の原因物質である。地下水の水質汚濁にかかわる環境基準（環境省）あるいは水道水質基準（厚生労働省）では、亜硝酸イオン（NO_2^-）も含め、硝酸態窒素（NO_3^--N）と亜硝酸態窒素（NO_2^--N）の合計として 10 mg/L 以下と規定されている。高濃度の硝酸イオンが含まれている地下水を飲み続けると、乳幼児ではメトヘモグロビン血症（酸素欠乏症）を発生する危険がある。環境・水道水質基準値を超えるような地下水中の高濃度の硝酸イオンの原因としては、畑地などへの窒素を含む化学肥料の過剰施肥をあげることができる。また、公共下水道が未整備あるいは単独処理浄化槽を使用している地域では、硝酸イオン（あるいはその前駆物質となる窒素化合物）を大量に含む家庭雑排水が河川に排出され、その河川水が地下に浸透することで地下水の汚染を引き起こすこともある。硝酸イオンはその径が小さいことから、地下水の流れにともなって物理的にろ過されることはない。さらに、マイナスに帯電しているため、表面が同じくマイナスに帯電している地層を構成する粒子に吸着されることもない。このため、硝酸汚染はすみやかに進行・拡大するが、同時に地下水の人為汚染の発生とその程度を判断する際の重要な指標ともなる。

同じく塩化物イオン（Cl^-）も地下水汚染の重要な指標である。硝酸イオンと同様に陰イオンであることから、地下水の流れにしたがって急速に汚染が広がる。家庭雑排水には高濃度の塩化物イオンが含まれる。また工場排水にも多く含まれている。このような排水が地下に浸透することで広域の地下水汚染が発生する。水道水質基準では 200 mg/L（味覚の敏感な人が口にした場合、かろうじて塩分の存在を感じる程度の濃度）となっているが、日本では海岸地域

4　地下水の流れと汚染　　　*29*

を除けば自然状態の地下水の塩化物イオン濃度は 10 mg/L 程度である。このため、10 mg/L を大きく上回るような塩化物イオン濃度が検出された場合には、人為的な汚染源があると疑われる。ただし、日本海側の地方では、冬期に日本海から強い北西季節風によって運ばれる風送塩の影響がかなり内陸部にまで及んでいる。また、火山国であるため、温鉱泉水の混入により地下水中の塩化物イオン濃度が上昇する場合もある。このように地域的な特徴もあるので、注意が必要である。

　近年、公共下水道が整備されて久しい大都市の地下水に高濃度の硝酸イオンや塩化物イオンが検出され、都市の自己水源としての地下水の利活用を考える上で大きな問題となっている。その原因として、老朽化した下水道管から漏れた下水が地下水へ混入している可能性が指摘されている。これについては 13.4 に紹介してあるので、そちらを参照されたい。

　重金属類、石油類、有機塩素系溶剤による地下水汚染も日本各地で発覚し、しばしばマスコミをにぎわしている。これらには発がん性があったり、また体内に蓄積するなど、低濃度であっても人体にきわめて有害であるので、汚染された地下水は飲用すべきでない。

　これらの汚染物質は、それぞれがもつ特徴的な物性のため、地下水中で独特な動きをする（図 4.2）。重金属類は土壌粒子に吸着されやすいため、地表の汚染源からもたらされる重金属のかなりの部分は地下水面より上位の土壌層中にとどまる傾向がある。しかし、一部はイオン態などの形で雨水とともに浸透して地下水面に達する。富山県の神通川流域ではカドミウムによるイタイイタイ病が発生したが、カドミウムに汚染された地下水を長年にわたって飲用していたことが原因のひとつとされている。

　石油類の汚染物質のうち、ベンゼン C_6H_6（図 4.3）はその代表的なものである。分子量 78.11 の最も単純な芳香族炭化水素であるベンゼンの比重は 0.88 と水より軽く、わずかに水に溶解する。また、揮発性があり、室温で急速に蒸発し、強い発がん性をもっている。比重が水より小さいため、地下水面上にとどまり、地下水面の勾配にしたがって下流方向に移動して汚染範囲を拡大させる（図 4.2）。その粘度（粘性係数）が水の 7 割程度と小さいことも汚染がすみやかに広がる原因である。近年、ガソリンスタンドの地下貯蔵タンクから漏

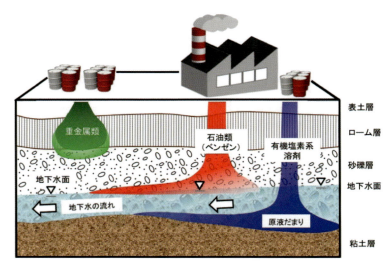

図 4.2　重金属類、石油類（ベンゼン）、有機塩素系溶剤による地下水汚染の進行（安原原図）

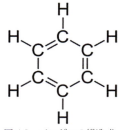

図 4.3　ベンゼンの構造式

出したベンゼンによる地下水汚染が各地で報告されている。また、豊洲新市場でもベンゼンによる汚染が問題視され、汚染された地下水をくみ上げ、曝気処理によってベンゼンを分離・処理する方法で汚染の低減が図られてきた。ベンゼンには強い揮発性があるため、地下水中のベンゼンが気化して大気中に広がり、呼吸によって体内に取り込まれる心配もある。

トリクロロエチレン C_2HCl_3、テトラクロロエチレン C_2Cl_4 に代表される有機塩素系溶剤は、半導体や金属の脱脂洗浄、ドライクリーニング用溶剤として大量に用いられてきた。揮発性があり、中枢神経障害や発がん性が指摘されている。その比重は水の 1.5 倍程度、また粘性はきわめて低く、地層中での移動しやすさは水の 2.5 倍にもなる。このような特異な物性のため、地表の汚染源（金属工場、半導体工場、ドライクリーニング工場など）から土壌中をほぼ垂直に降下してすみやかに地下水面に達し、さらに地下水中を降下して粘土層上にとどまり地下水を汚染する（図 4.2）。粘土層が不連続な場合、粘土層の切れ目を

通じてさらに深いところに侵入し、深層の地下水を汚染する。深さ 100 m を超えるような水道水源用の井戸水から有機塩素系溶剤が検出され、日本でも一時大きな社会問題となった。

　清浄かつ廉価な地下水は、国内の多くの地域において産業活動や人間生活を支える役割を担っている。さらに、とくに大都市では近年、地震などの大規模災害時には清浄な地下水の確保は都市の生命線となることが防災の専門家によって強調されている。このような自己水源である地下水の水質保全には万全の注意を払うべきである。しかし、万一地下水汚染が確認された場合には、すみやかに汚染源をつきとめ、汚染物質の新たな混入を断たねばならない。さらに、汚染の広がりを明らかにするとともに、地下水の流れの速さ、方向、汚染物質の物性を考慮した上で、汚染物質負荷量に基づく的確な浄化対策を講じ、可能な限り地下水水質の原状回復を図る必要がある。

文献
山本荘毅編（1968）『陸水』共立出版
立正大学地球環境科学部環境システム学科編（2016）『環境のサイエンスを学ぼう―正しい実験・実習を行うために―』丸善プラネット

4章のキーポイント

1. 地下水の流速は河川水に比べて格段に遅い。
2. 地下水は河川水より滞留時間がはるかに長い。
3. 長い滞留時間のため、地下水の水質は一般に河川水より優れている。
4. 汚染物質の地下水中での挙動は、汚染物質の物性によって大きく異なる。
5. 地下水は一旦汚染されたら完全に元に戻すことは困難。

5 現地調査の前に準備すべきこと

　水環境の調査は、難しいといわれることがある。その理由として、水は地形や生物などと違って、量や質が視覚的に把握、分類しづらい点にある。直接みえないことによる苦労や困難はあるが、調査によって中身がみえてくる、水のダイナミックな動きを知る喜びがある。その楽しみ、喜びを得るためにも、ある程度の基礎的な知識を学び、柔軟な思考で、積極的に考え、行動してほしい。よい成果を引き出すため、事前準備もしっかりと行う必要がある。

5.1　地図と文献、既存データの収集

　現地調査は地点の確認をしたり、調査地域の地理的概観の把握が不可欠である。このため、作業用の地形図、地点を確認する地図、調査対象地域を理解する文献、より効果的に調査を実施するための既存データの収集などを事前に実施することが重要である。

・地形図

　現地調査では、地点の位置確認はもちろんのこと、周辺地域を理解することが重要であり、地域のさまざまな情報が示されている地図を利用する。インターネット上のデジタル地図や一般的な市街地図、道路地図も利用できるが、国土地理院の地形図は水環境を理解するためにも重要な水系や分水界（→ 2.1、12.2 参照）、地表面の起伏や標高、河川縦断面などを読み取る等高線、農地や建物の分布などの周辺土地利用の情報があるので、是非活用してほしい。これらの情報を読み取ることによって、調査内容の吟味や結果の分析をよりスムーズに行うことができる。なお、地形図からより多くの情報を得るためには、ある程度の技術と訓練が必要であるが、少なくとも以下の点に留意することが大切である。

（1）縮尺に応じた図式（距離・等高線の間隔など）を理解する。

（2）地形図はある時点の地域を表すものであり、発行年・測量年次・現地調査の実施年月を確認する。新旧の地形図を比較すれば、変化もみられる。

（3）必要に応じて彩色を行ったり、さまざまな作業を行うことによって、より地形図に示される地域の様子を把握できる。

（4）地域を概観するには、地形図全体を眺めたり、逆に特定の部分に注目し考えることが大切である。また、広い範囲を示した地図（5万分の1、2万5千分の1地形図）とより狭い範囲を詳細に示した地図（1万分の1地形図、2千5百分の1国土基本図）を併用するとよい。

（5）調査に赴く際には、地形図は必ず携えて、現地の様子と見比べたりすることが大切である。

　地形図は、各種地図の基本となるものである。購入できる所が限られているが、インターネットからの通信販売も行われている。また、これら地形図に類似した小縮尺の地図に20万分の1地勢図がある。さらに、国土基本図・土地条件図・湖沼図・沿岸海域地形図・沿岸海域土地条件図・海図・地質図などの主題図なども作成されている。これらの主題図を必要に応じて活用すれば、より詳細な地域の水環境を理解する手立てとなる。

・各種文献

　地域の水環境は化学的・物理的・生物的・地学的・地理的など多岐にわたっている。地域の水環境を理解する、あるいは特徴をみつけるためには、各分野の知識や技術を習得するとともに、広い分野での一般的な知識、そして総合的・学際的知識が求められる。水環境を理解するための手段・方法は、地形図上での作業、統計資料・文献調査、コンピューターによるシミュレーションなどの屋内調査、そして観察・測定・アンケート・聞き取りなど現地調査がある。屋内調査は広く概念的にとらえられるが、特異的な現象を理解することはやや困難である。現地調査は空間および時間が部分的で、特定部分しか抽出できない欠点があるなど、それぞれ長所・短所がある。このため、それぞれの手段・方法の利点や特徴を生かして調査を行うことが大切である。

　調査・研究は、現地調査の結果や既存の資料を整理することではなく、先人たちの結果・知識の積み重ねに、さらに広い視野のもとで新たな事実を発見することである。このために、過去の蓄積された結果や知識がまとめられている書籍や論文、統計資料などを熟読し、既知の知識の整理と未知の事柄の確認をすることが重要である。近年では、インターネット上に論文や統計のデータベ

ースが整備され、検索・入手が容易になっている。たとえば、J-Stage（科学技術振興機構）や CiNii（国立情報学研究所）などのサイトは誰でもアクセスでき、日本で発行されている学術雑誌の論文を検索・入手できる。

・既存データの入手

　数多くの官庁や調査機関、研究者が河川や湖沼、地下水に関する調査を行い、多くの水関連のデータを取っている。観測された結果は統計資料として刊行されている。たとえば、全国的な河川の資料としては『流量年表』（国土交通省編）や『水質年鑑』（環境省編）などがある。水道に関しては、水道協会発行の『上水道統計』、下水道協会発行の『下水道統計』などがある。各都道府県や市町村単位でも公開されているので、HP や各役所、公共図書館、行政資料室で閲覧するとよい。

　　インターネットの普及とデータの整備、デジタル化にともなって、各種データが「データベース」として、研究者だけでなく学生や市民にもインターネットを通じて手軽に入手・閲覧できる（表 5.1）。公表されているデータベースは、自身の調査・観測の参考や比較に活用できない場合もあるが、日本の各地

表 5.1　情報入手先（谷口作成）

サイト名　（運営元）	URL
地図等に関する HP	
国土地理院による地図・空中写真・地理調査（国土交通省）	http://www.gsi.go.jp/tizu-kutyu.html
財団法人　日本地図センター	http://www.jmc.or.jp/
地理院地図（電子国土 web）	http://watchizu.gsi.go.jp/
国土調査（国土交通省国土政策局国土情報課）	http://nrb-www.mlit.go.jp/kokjo/inspect/inspect.html
Google Earth　（Google）	https://maps.google.co.jp/
水質・流量に関する HP	
水情報国土データ管理センター（国土交通省）	http://www5.river.go.jp/
川の防災情報（国土交通省）	http://www.river.go.jp/
水文水質データベース	http://www1.river.go.jp/
水環境総合情報サイト（環境省）	https://www-pub.env.go.jp/water-pub/mizu-site/
名水百選	https://www-pub.env.go.jp/water-pub/mizu-site/meisui/
快水浴場百選	https://www-pub.env.go.jp/water-pub/mizu-site/suiyoku2006/
水道水質データベース（日本水道協会）	http://www.jwwa.or.jp/mizu/index.html
国立環境研究所データベース（国立環境研究所）	http://www.nies.go.jp/db/index.html
GEMS/Water ナショナルセンター（GEMS/Water・国立環境研究所）	http://db.cger.nies.go.jp/gem/inter/GEMS/gems_jnet/index_j.html

域の水環境の様子や状況の理解に役立つ。「名水百選」として観光地になった所、海岸だけでなく湖岸での水遊び場など快い水浴ができる場所を選出した「快水浴場百選」など、友人や知人、家族などと新たな水環境の景色を訪れる機会の情報としても活用できる。自分の得たデータや他の地域のデータ、過去のデータなど空間的・時間的な比較などにも活用できる。

　なお、官公庁や公的機関で公開されている情報でも、調査地点や調査方法が変更になるなどして、基準が変わっていることもあるので、利用するときは注意すること。また、公開されたデータを利用する際には、必要に応じて公開の条件、利用の許可の有無を確認し、必ず出典を明記する。

・各種資料の利用

　水環境調査を行うために現地に赴けば当然のことながら、実際自分の目でみるあるいは五感で水の環境を感じることとなる。水環境を理解するためには、現在の環境だけでなく、過去やその変遷・変化を知ることも大切である。科学的な観測結果に基づくデータベースによって、以前の環境や過去から現在までの変化を把握・理解することができる。しかし、論文や報告書などの調査結果がなかったり、科学的な観測方法が確立されていない時代の水環境については、これとは異なる方法で過去の様子を理解しなければならない。もちろん、過去の水環境の姿は実際に自分の目では確認できない。

　ここではその中から比較的簡単な方法を説明する。古い地図をみたり、現在の地図と比較することによって、「どこに河川・水路があったのか」、「現在もここに河川の堆積物があるのか」などを知ることができる。写真や郷土史などの資料によっても、当時の風景や状況を理解することができる。人間の生活に必要不可欠である水は人々の関心を集め、水について書かれた記載はさまざまな形で残っている。また、その地域に詳しい方や昔から住んでいる人の話を聞くことによっても、当時の様子を理解することができる。

5.2　服装や靴、持ち物

・服装や靴

　服装や靴は、調査の場所や対象、季節によって当然異なってくるが、たんに暑い、寒いの着こなしだけでなく、ほかにもさまざまな配慮も必要である。

夏季の日射の強い日には、日よけのための帽子やタオルを首に巻くなどの日焼けや熱中症対策、そして、降雨時の雨具や撥水性の高い生地の服を着るなどする。また、虫刺されや草木によるカブレ防止のため夏季でも長袖を着用し、冬季の寒いときには天然繊維（綿・ウール）は暖かいが、濡れると乾きにくいため、乾きやすいナイロン製やポリエステルなどの服を着ることなども考えてほしい。

　履物も歩きやすい靴は当然であるが、雨天時や河川調査では水に濡れることもあるので、長靴や渓流釣り用の足袋（鮎足袋）などを履くと気兼ねなく歩ける。河床にはコケや泥、ゴツゴツした石や岩があるので、靴底が滑りにくいものや足にフィットしているものが快適である。また、登山靴やブーツなど重かったり、脱ぎづらいものは湖上作業中にボートから落ちたときに命取りになるので、絶対に履いてはいけない。小さな舟に乗るときなどには、ビーチサンダルや軽い靴の方がよいこともある。同様に水を吸って重たくなるようなジーンズや長靴で河川の深い所に入ることは避ける。

　河川の調査で水深のある所に入るときに、腰のあたりまである胴長を履いて調査を行う者がいるが、滑らせて胴長に水が入るとその浸水してきた水が重石となって溺れる危険がある。むしろ、短パンやウエットスーツなどを着用して、十分な危険回避をして作業することが必要である。少しの油断や無自覚な行動が取り返しのつかないことになってしまうことを肝に銘じてほしい。調査地の状況は多様であるため、現地の状態をみながら必要に応じて適宜履き替える。

　また、地下水調査で井戸を所有するお宅に訪問する場合には、Tシャツにビーチサンダル、調査には相応しくない非常に派手な服装やパーティーに行くかのような格好などは相手に悪い印象を与えかねないので、注意する。服装や靴だけではなく、手指の怪我を防ぐために軍手なども大いに役立つ。自身の安心・安全かつ快適に調査ができ、調査の同行者や訪問先にも配慮した身支度をして、野外調査を実施することを心がける。

　かつては、汚れてよく、生地がしっかりして強く、調査用小物が入れられる大小のポケットが多くあり、ボタン付きの胸ポケットがある作業服が一般的ともいわれていたが、十分な安全を配慮したうえで、各々のスタイルをコーディネートした格好で水環境調査を楽しんでほしい。

・野帳や筆記用具

　調査結果や対象地域の状況を記録するための筆記用具、カメラは必須である。記録はポケットに入るサイズで硬い表紙の野帳（フィールドノート）が一般的だが、調査項目が決まっている場合や繰り返し同種の項目を観測する場合には、調査記録用紙を事前に準備して記入するのが効率的である。野帳は大きな文具店にあるが、水に濡れにくいものや水中でも書けるように水を弾く特殊な野帳もあり、専門店や通販などで探してみるとよい。

　調査記録用紙を用いるときには画板があると便利である。調査した結果を記録した野帳は貴重な観測結果の証であり、紛失に備えて氏名や連絡先などの情報を記入しておく。また、整理のため野帳の表紙に調査地や調査内容の分類などを記入しておくとよい。調査記録用紙もクリアファイルやクリアケースなどでバラバラにならないように整理しておく。濡れないようにビニール袋や密閉できるような袋に入れて置くと、水に落としたときや雨で濡れることを回避できる。筆記用具も紙やペンが水に濡れると書けなくなったり、消えてしまうボールペンや水性ペンではなく、濃い鉛筆をお勧めする。採水した試料の容器ラベルの記入やマーキングにも使える油性マジックインクは必ず持っていく。

　カメラは、普段はスマートホンやタブレット端末を利用している場合でも、水没や容量オーバー、傷つきなども考慮して、防水性や耐久性がある程度あるデジタルコンパクトカメラが適切である。水環境調査は水を扱い、汚れることもあるので、スマートホンを使う場合なども含めて防水対策をきちんと施したり、紐をつけて落ちないようにするなど、濡れないようにする工夫や不具合を起こさないようにする対処が大切である。

・かばんや持ち物 （図 5.1）

　かばんは移動や調査に負担が掛からない、軽いもので、手の空く背負うタイプのものか肩掛けのものがよい。服装と同様に、濡れてもよいものや水が浸みこまないものが適切である。浸みこみやすいかばんの場合には、中の荷物をビニール袋に入れるなどの工夫をする。車で出かけるときには、プラスチック製のバスケットやコンテナに小道具や濡れたものを入れておくと便利である。

　持ち物は、調査用機器はもちろんであるが、長さを測る折尺や巻尺が必要である。日時を確認したり、時間を計る時計も忘れてはいけない。書く・切る・

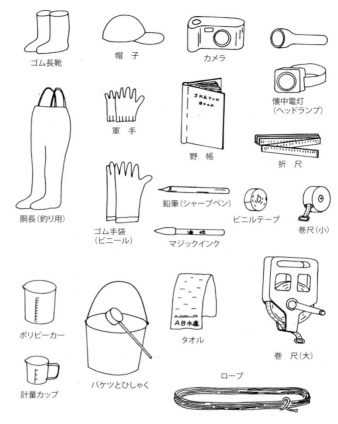

図 5.1　身支度と小道具（新井 2003）

貼る・測るなどの作業に必要な各種文房具もあるとよい。

　調査内容によって持ち物も異なるが、機器の予備電池やカッターやドライバー、ペンチなどの簡単な工具、ものを固定するために針金や結束バンド、手拭き用のタオル・手拭、汚れたものを拭く雑巾など、あると便利なものが数多くある。事前に調査の流れやトラブルを想定して、どのようなものが必要か、何があったら便利であるかを考えて、準備するとよい。ホームセンターや100円ショップなどで準備する買い物も調査の楽しみ方の一つである。

5.3 計測・測定機器などの事前準備

　服装・靴、身の回りの小道具などともに、調査に用いる計測機器や測定機器、道具についても現地で慌てることないよう、また効率的に作業を行うためにも事前の準備をする（表5.2）。各種機器がきちんと作動するかはもちろんのこと、スムーズに使えるかなど操作方法なども確認しておく。使い慣れている機器であっても、前の調査から時間が経っていると、作業手順を忘れていたり、使い方を誤解してしまうと正しく現地で測定できなくなってしまう。本体はあるが付属品がなく測定できなかった、胴長に穴が開いていて浸水した、ロープが絡んでいたため苦労したなどは、事前に確認しておけば避けられるトラブルである。

表5.2　準備品リスト（谷口作成）

番号	品　名	重要度
1	帽子	◎
2	雨具（カッパ、カサ）	◎
3	フィールドノート	◎
4	鉛筆、シャープペンシル	◎
5	油性マジックインク	◎
6	ビニールテープ	◎
7	布製ガムテープ	◎
8	ハサミ	◎
9	カッター	◎
10	工具（ドライバー、ペンチ）	◎
11	瞬間接着剤	◎
12	軍手	◎
13	カメラ	◎
14	ロープ	◎
15	メジャー、折尺	◎
16	巻尺	◎
17	懐中電灯	◎
18	電池	◎
19	長靴	◎
20	温度計（気温等）	○
21	水温計（電気式温度計）	◎
22	採水器	○
23	測深器	○
24	ｐＨ計	◎
25	電気伝導度計	◎
26	溶存酸素計	○
27	簡易水質検査器具（パックテスト等）	◎
28	ポリビン	◎
29	ポリバケツ（2つ以上）	◎
30	ビーカー	○
31	水色計（湖色）	○
32	携帯電話	◎
33	ビニール袋（透明、複数）	◎
34	地形図	◎
35	湖沼図	◎
36	タオル	◎
37	セッキー円板	◎
38	透視度計	○
39	計量カップ	○
40	アンカー（コンクリートブロックなど）	○
41	双眼鏡	○
42	医薬品類（傷薬、カットバン等）	◎
43	ティッシュペーパー	○
44	文献	○
45	GPS測定器	
46	距離計	
47	クリノメーター	
48	パソコン	◎
49	飲料水、食料（現地調達も可能）	
50	旅行用具（歯磨き、着替え等）	
51	現金	◎
52	保険証	

計測機器・測定機器にはそれぞれの機器ごとの違いを補正するため、補正値が設定されている。この補正値が正しく設定されてないと正確な観測値を示せないので、事前に確認し異なっていれば修正しておく（→ 6.3、6.4、6.5 参照）。また、機器によっては正しい値を示すための校正作業が必要なので、説明書などに従って行う（→ 6.4、6.5 参照）。前回使用した機器をそのまま持ち出して使うことは避けなければならない。使用後に清掃・整備を行うことはもちろんだが、調査直前にも各種機器の準備を行い、正しいデータを得るための労を省いてはいけない。これら事前の準備も含めて水環境調査である。

また、複数のグループが別々の機器で調査を行う場合には、同じ水を測定していても使用する機器によって異なる温度や水質などの値を示す（器差という）こともあるので、事前にその違い確認しておく必要がある。事前に同じサンプルを測定して、標準機器との比較検定をして各機器との器差を確認しておく。標準機器と測定機器で複数のサンプルを測定し、測定した両者の値の関係を示したグラフ（散布図）から校正式を出しておく。調査者間で、調査手順の確認や方法の統一化を図っておくとよい。観測時間を厳密に統一させる場合には時計の同期も行っておく。

文献
新井 正（2003）『水環境調査の基礎　改訂版』古今書院

5章のキーポイント

1. 現地調査の前に、地図・文献・既存データなどを収集、確認。
2. 現地調査の持ち物の確認・準備（付録のリストを参照）。
3. 調査機器の動作確認および校正作業の実施。
4. 調査の流れやトラブルなどを想定し、調査の手順や安全の確保などを確認。
5. 安全・安心などを考慮した服装や靴、かばんなどをコーディネート。

6 現地調査における道具・測定機器の基礎知識

6.1 現地調査における精度の重要性

　水環境の調査においては定量的な調査が必要不可欠である。しかしながら、自然環境のなかで水の量（流れ）を精確に測定することは非常に難しい。メスシリンダーのような容器に入れ、測定する必要がある。しかし、どんなに小さな河川であっても現地でメスシリンダーを用いて測定するのは不可能である。また、河川水は絶えず流れており、その流量も変動している。100 m^3/s 以上の水が流れる利根川などの大河川の流量をメスシリンダーのような小さな容器で測定することは物理的にも無理である。これが、水環境の調査の難しさの一つである。しかし、考え方を変えれば、精確に測定ができないからこそ、精確に見積もるための現地調査・測定が重要となり、できるだけ精確に測定する方法を考え、選んでいくことが水環境調査の鍵となる。

　水質を考える場合も流量が重要となる。たとえば、河川からの汚染物質が海域に与える影響を調査する場合、河川における対象汚染物質の濃度を分析し、その値に河川の流量を乗ずることで、河川から海域へ流入する対象汚染物質を負荷量として算出できる。

　たとえば、河川の流量が 10 m^3/s であり、対象汚染物質の濃度が 5.00 mg/L であったとすると、1 L = 0.001 m^3 なので、10 m^3/s × 5.00 g/m^3 = 50.0 g/s となる。すなわち、河川から海域に 1 秒あたり 50.0 g の対象汚染物質が負荷されていることになる。これを 1 日あたりの負荷量にすると、1 日 = 24 時間 = 1,440 分 = 86,400 秒であるので、1 日あたりの負荷量は、4,320,000 g/d = 4,320 kg/d となる。

　また、これを 1 年あたりの負荷量にすると、1 年 = 365 日なので、負荷量は 1,576,800 kg/y になる。

　そこで、もし対象汚染物質の定量分析で、- 1 ％の誤差（5.00 → 4.95 mg/L）があったとすると、1 秒あたりの負荷量は、49.5 g/s となり、1 日あたりの負荷量は、4,276,800 g/d、1 年あたりの負荷量は、1,561,032,000 g/y となる。

対象汚染物質の定量分析におけるわずか -1 ％ の誤差が、1 年間の負荷量として換算すると、15,768,000 g ＝ 15,768 kg ＝ 15.678 t の過小評価になる。

すなわち、対象汚染物質の定量分析の際に、0.05 mg/L（ -1 ％）の誤差を出したことで、これを年間の負荷量にすると、軽トラック（最大積載量を350kg とした場合）約 45 台に相当する汚染物質の量を過小評価したことになる。さらに、ここには前述したように河川の流量観測結果の見積もりにおける誤差も上乗せされるので、海域への対象汚染物質の負荷量の見積もりにおける誤差はさらに大きくなる。

水の量的な測定は難しいからこそ、常にさまざまな工夫をして精確に測定できるようにする必要がある。一方、水の質的な測定・分析は、その原理や手法を十分に理解することで、誤差をかなり減らすことができる。いずれにしても、水の量も質も可能なかぎり精確に分析・測定する必要がある。

6.2 水位（水面）

自然環境中における水量を把握するためにもっとも基本になる測定項目は、水位や水深である。地下水の場合は、井戸の中の地下水の水位を基礎データとし、平面的な地下水の流れが把握できる地下水面図を作成する。湖沼の場合は、水深調査結果を基礎データとして、湖沼の形が把握できる湖盆図を作成する。河川の場合は、河川流量は水位・水深データなしでは、流量を求めることはできない。すなわち、水位・水深の測定は、水環境調査のもっとも基礎であり、重要な作業である。

・水位標

河川や湖沼における水位は、水位標を用いて測定するのが基本である。簡単な測定であれば、図 6.1 のように実際河川や湖沼の中に入り、水位標を打ち込めばよい。簡単に自作もできる。適切な長さの杭の一面に物差しを張り付ければよい。

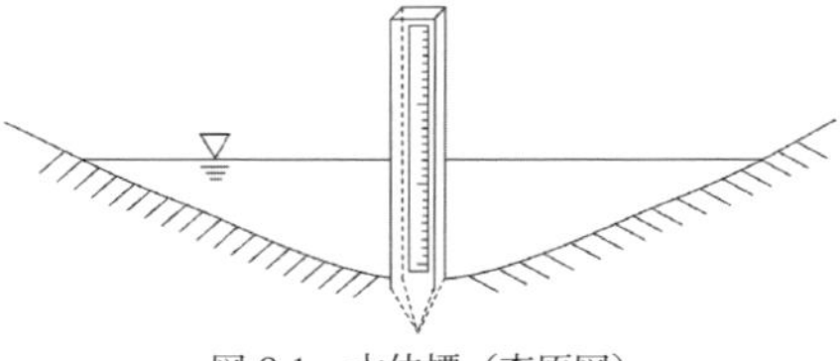

しかし、水位標の設置のためには、河川や湖沼の管理者への申請および許可が必要となる。河川や湖沼の管理者は、国土交通省または各都道府県に

図 6.1　水位標（李原図）

なる場合が多い。設置する場合には、必ず事前に該当する河川や湖沼の管理者を調べ、必要な手続きを取らなければならないので注意する。

一方、図 6.2 のように河川の上にある橋や河川・湖沼の岸から、毎回同じ場所で巻尺を用いて水面までの距離を測る方法もある。その際には、河川にかかる橋の道路面や湖沼の岸を基準点とし、その基準点から何 cm 下に水面があるのかを - ○○ cm として記録する。

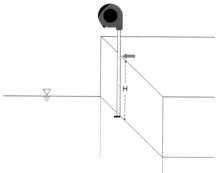

図 6.2　河川や湖沼における水位測定方法（李原図）

・ロープ式水位計（水面計）

井戸において地下水の水位を測定する際には、水位計を用いる場合が多い。一般的なロープ式水位計は、センサー（プローブ）、目盛り付きロープ、本体から構成される（図 6.3）。

ロープ式水位計の原理および使い方は、センサーを井戸の中に入れ、センサーの先端が水に着くと電気が通じ、ブザーが鳴る仕組みとなっている。その際ロープがどれだけ下がったかを目盛で読み取ることで水位を計測する。ロープ式水位計は、比較的安価で、2 万〜3 万円程度で購入可能である。また、センサーの口径が ϕ 12 〜 20 mm であるため、直径が細い地下水観測用の井戸（ϕ 25 〜 50 mm）などでも使用することができる。

図 6.3　ロープ式水位計（ヤマヨ測定機㈱、ミリオン水位計 WL-50M）

・自記水位計

水位は、降水や潮位、人為的な影響などのさまざまな要因で変動する。このような変動を連続した水位データとして測定するためには、自記水位計を用いる。近年の自記水位計は、水位のみではなく、水温、電気伝導率なども同時に測定することができるものもある。

自記水位計（本体）は、水位を測定するための圧力センサー、温度センサー、記録装置（ロガー）、電池（内蔵）で構成されている（図6.4）。それに加え、大気圧補正をするために、大気圧測定用センサーとパソコンに接続するための専用装置（カプラー）が必要となる。

図6.4 自記水位計（本体）（HOBO社製、Water Level Logger U20L-04）

価格はさまざまであるが、本体が1本あたり5万円～6万円程度で、大気圧測定用センサーが5万円程度、パソコンに接続するための専用装置が2万円程度である（図6.5）。つまり、自記水位計一式を揃えるのには11万～13万円程度とかなりの費用がかかる。また、その他の自記水位計のデメリットとしては、河川や湖沼などに設置する場合は、波の影響を受けることが挙げられる。その際には、波よけを設置し、その中に水位計を設置する必要がある。さらに、自記水位計の電池の寿命は5～10年程度であり、電池の交換ができないものが多い。このようなデメリットはあるものの、自記水位計のもっとも大きなメリットは、降水や潮位などによる水位の変動が1～99秒、1～99分間隔（設定により変更可能）で連続的に測定できることである。また、自記水位計を増やせば、複数地点の測定が可能となる。大気圧測定用センサーとパソコンに接

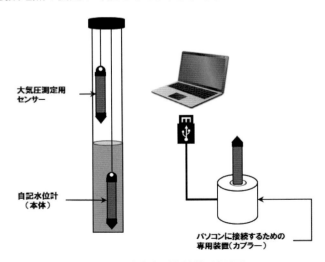

図6.5 自記水位計の設置方法（李原図）

続するための専用装置は 1 台あれば、複数地点の測定にも対応できる。

・ロープ式水位計による測定とメンテナンス

　ロープ式水位計あるいは自記水位計を用いて井戸内の地下水の水位を測定する際には、井戸壁面や水中ポンプに引っかからないようにセンサーを慎重に降ろす。もし、井戸内の水中ポンプなどに引っかかると、センサーを取り出せなくなるだけではなく、今後の持主の井戸利用に支障が生じる場合もある。

　また、ロープ式水位計の目盛り付きロープの中には導線が入っており、直角に折り曲げたりすると切れることがあるので、注意する。もし、導線が切れると、50 ～ 100 m 程度のロープ全体を交換することになる。

　さらに、測定時には、少なくとも、数回以上、センサーを上下させ、センサーのブザー音を確認しながら、水面の高さを確実に測定することが大切である。飲用に使用している井戸で測定する場合は、測定する前に当該の井戸水でセンサーを十分共洗いするなどの配慮も必要である。

　測定後のメンテナンスとしては、蒸留水でセンサーを洗浄し、布でふき取る程度でよい。なお、泥や砂のついたロープを強く引っ張って拭いたりすると、中の導線が切れてしまうこともあるので注意する。

　水環境調査に使用するほとんどの機器類の電源は、乾電池またはボタン電池である。また、水環境調査は遠隔地で行う場合も多く、調査地周辺で予備電池の入手は困難である。調査の際には、必ず測器ごとの予備電池を持参する。電池交換に必要なドライバーなども持参すること。水環境調査は、季節ごと一定期間集中して行う場合が多く、また高温多湿な環境で測定する場合も多いので、測定後しばらく使用予定がない場合は、電池による液漏れがないように電池を外しておく。

6.3　流速

　河川流量観測の際には、流速を精確に測ることが重要である。その際に用いる流速計は大きく分けて、プロペラ式（プライス式を含む）、電磁式、超音波式などその原理によって多種多様である。ここでは、河川の流量観測の際に用いる流速計の中でも、15 万円程度と比較的安価で汎用性の高いプロペラ式流速計の使い方を中心に解説する。

なお、近年では、高精度で測定でき、測定できる流速の範囲が広い超音波式流速計もかなり普及してきたが、高価であるため、プロペラ式流速計のほうが現実的であるといえる。しかし、測定効率や高精度での測定が必要な場合などは、日単位で超音波式流速計のレンタルを行う業者もいるので、必要な場合にはインターネットで検索してみるのもよい。

・プロペラ式流速計の検定定数

　プロペラ式流速計は、流速を測定するプロペラ式検出器、各種設定や測定結果がデジタルで表示される本体、両方をつなぐケーブルで構成されている（図6.6）。プロペラ式のような回転数を測定する流速計は、実験水路

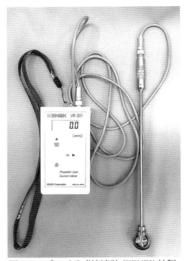

図6.6　プロペラ式流速計（KENEK 社製、VR-301）

の中で、真の流速とプロペラの回転数の関係が1台ごとの定数として決められている。この定数を検定定数という。この検定定数は、プロペラ式検出器ごとに記載（銘板・刻印）されているか、あるいは、「検定証」として添付されている。プロペラ式検出器が異なれば、検定定数も異なるので、検出器を交換する際には、本体に新しい検出器の検定定数を再設定する必要がある。プロペラ式流速計の検定式（式6.1）を次に示す。

$$V = aN + b \qquad \cdots\cdots (\text{式}6.1)$$

　ここで、V は流速（cm/s、m/s）、N は1秒間のプロペラの回転数、a と b は検定定数である。

　プロペラ式流速計の取扱説明書には、この検定定数の登録・設定の仕方に関する記述があるので参照すること。プロペラ式流速計のプロペラが変形したりすると、検定定数も変わるので注意すること。プロペラが変形した際には、メーカーに問い合わせて、修理・再検定を行う必要がある。検定定数の設定・登録は基本的に最初に1回行えばよいが、現地調査に行く前に、プロペラの変

形はないか、あるいは、正しく検定定数が登録されているのかについて確認する。

・プロペラ式流速計による測定とメンテナンス

プロペラ式流速計を用いて流速を測定する際に、流速は同地点において3回以上計測し、その平均値として流速を算出する。その際の流速の測定時間は、1〜40秒程度まで設定が可能である。一般的には、10〜30秒の設定で測定される場合が多い。もちろん、測定時間が長いほど精度はよくなる。

また、河床の水草などにプロペラが絡まることで、プロペラが正しく回転しなくなることもあるので、測定と測定の間には、プロペラ式検出器を水中から引き上げ、目視で確認を行う。プロペラ式検出器は、表側と裏側があるので取扱説明書を確認すること。どちら向きでも測定自体はできるが、検定定数を算出する際には表側を上流側に向けて測定しているので、それと同様に、表側を河川の上流側に向けて測定する必要がある。表側がどちらであるかはプロペラ検出器に刻印されているので、必ず確認後測定すること。また、ウェーダー（胴長）を着用し、河川に入り流速を測定する際には、自分の膝の高さ以上水深があり、流速が1 m/s以上あるような場合は、非常に危険であるので、絶対入らないようにする（図6.7）。

測定後のメンテナンスとしては、蒸留水で軽く洗浄し、プロペラ式検出器を布でふく。

図6.7　プロペラ式流速計を用いた河川流量調査（富山県黒部川）（李撮影）

6.4 電気伝導率（電気伝導度）（EC）

理論上、純水は全く電気を通さない。しかし、水のなかにはさまざまな陽・陰イオンなどの成分が溶け込んでいるので電気を通すことになる。したがって、自然環境中の水が電気を通す度合いは、水の中に含まれている各種イオンの量（溶存物質の総量）の目安となる。

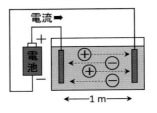

図6.8 電気伝導率の測定原理
（李原図）

電気伝導率（Electric Conductivity：EC：イーシー）の定義は、水の中に面積1 m^2（1 m（縦）× 1 m（横）= 1 m^2）の2個の電極を1 m離しておいた状態での電気の通しやすさを表す（図6.8）。単位としては、電気の通しにくさを表す電気抵抗率の逆数を用いる。電気伝導率の単位はS（Simence：ジーメンス）/m（メートル）であるが、一般的に、環境試料中の電気伝導率は小さいので、電気伝導率の単位Sに1,000分の1を表す国際単位系（SI）の接頭辞m（ミリ）をつけ、mS（ミリジーメンス）/mが用いられる。従来は、μS（マイクロジーメンス）/cmがよく用いられていたが、近年はmS/mが主流である。電気伝導率の単位換算式を式6.2に示す。また、一般的な環境試料の電気伝導率を表6.1に示す。

表6.1 一般的な環境試料の電気伝導率

環境試料	電気伝導率（mS/m）
蒸留水	< 0.1
雨水	1～5
河川水	5～20
湖沼水	5～30
地下水	10～50
水道水	5～40
ミネラルウォーター（軟水）	10～30
ミネラルウォーター（硬水）	30～100
海水	5,000

（立正大学地球環境科学部環境システム学科編 2016に加筆）

$$1 \text{ S/m} = 1{,}000 \text{ mS/m} = 10{,}000 \text{ μS/cm} \quad \cdots\cdots（式6.2）$$

・電気伝導率（EC）計

電気伝導率計は、大きく分けて、現地で用いる携帯用と精密な測定が可能な実験室用に分けられる。ここでは、現地調査用電気伝導率計について紹介する。現地調査で用いる携帯用電気伝導率計は、8万円程度で購入できる。電気伝導率計は、水に直接つけるセル（電極）と各種設定や測定結果がデジタルで表示される本体、そして電極と本体をつなぐケーブルで構成される。湖沼など深い

深度（数十m）の電気伝導率の測定が可能な長いケーブル付きの電気伝導率計は20〜30万円もする。

近年は、電気伝導率とpHを一台で測定できる一体型の電気伝導率・pH計も市販されている（図6.9）。電気伝導率もpHも、水の特性を表す重要な項目なので、一体型を用いることで、測定の効率や測器の簡素化、測器購入のコストダウンも可能となる。一体型電気伝導率（EC）・pH計の価格は、本体（2チャネル用）、電気伝導

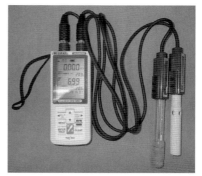

図6.9　一体型電気伝導率（EC）・pH計
（TOA-DKK社製、WM-32EP）

率用セル、pH電極、各ケーブルを合わせて、13万円程度である。さらに、セル、本体、ケーブルが一体となった小型で安い現地調査用の電気伝導率計（外形寸法：170 × 30 × 20 mm）も販売されており、3万円程度で購入できる。

・電気伝導率セル校正

最近の電気伝導率計はセル定数が1本ごとに決められているので、現地調査に行く前の校正はとくに必要としない。

一般的にセル定数は、メモリとして内蔵されているので、セルを本体に接続した際に、自動的にセル定数が読み込まれるようになっている。しかし、校正とは別に電気伝導率計が正常に動いているのかを確認する必要はある。

その方法としては、電気伝導率が大きく異なる3種類以上の水を測定する。

まず、電気伝導率が低い水としては、蒸留水がよいが、入手が困難な場合は「調乳水」などの名称で市販されている赤ちゃんの粉ミルクの調乳に使用される水でもよい。電気伝導率の高い水としては、ヨーロッパ産のミネラルウォーターがよい。ヨーロッパ産のミネラルウォーターは硬水の場合が多く、比較的電気伝導率が高い。その中間の電気伝導率の水としては、水道水でよい。

上記の3種類以上の水を現地調査に行く前に定期的に測定し、測定値を記録しておく。

・温度補正

電気伝導率は水温（温度）によって変化する。水温が高くなれば電気が通り

やすくなり、水温が低くなれば通りにくくなる。そのため、ある一定の温度を基準にしないと、測定データごとの比較検討ができない。そこで、基準温度として、25℃が用いられている。

　一般的に水の電気伝導率は水温が1℃上昇すると約2.2％大きくなる。たとえば、ある地点の地下水の水温が20℃、電気伝導率が16.5 mS/mであったとすると、地下水の水温は温度基準値である25℃より5℃低いことになる。したがって、5×0.022 ＝ 0.11を測定された電気伝導率（16.5 mS/m）に乗ずると、0.11×16.5 ＝ 1.815となる。この値を測定地点の電気伝導率に足すと、16.5 ＋ 1.815 ＝ 18.315 mS/mとなり、温度補正された電気伝導率は、有効数字を揃えると、18.3 mS/mとなる。

　一般に、温度による電気伝導率の補正式（式6.3）は、次のとおりである。（水温25℃における補正値：K_{25}、電気伝導率：K、水温：T、水温25℃との差：ΔT）。

$$K_{25} = K + （0.022\Delta T \times K）$$
$$= K \ \{1 + 0.022（25 - T）\} \quad \cdots\cdots （式6.3）$$

　最近の電気伝導率計は、水温25℃における自動温度補正機能が付いているので、とくに測定者による温度補正を行う必要はないが、水温によって電気伝導率が変化することを理解しておくこと。

・電気伝導率測定とメンテナンス

　多くの教科書などに「電気伝導率は、水に溶け込んでいる不純物が多くなると、電気を通しやすくなる」といった記述がなされている。水を「純水」と「その他の成分」に分けるという意味では、間違った表現ではない。しかし、電気伝導率が高いということが即汚染されていることにはつながらないので好ましくない。

　とくに、地下水の調査の際には、持主から井戸を借りて調査をする場合が多く、井戸の持主から水質に関する質問を受けることも多い。その際に、安易に電気伝導率の測定結果のみで判断し、電気伝導率が高いからといって、「汚い」などの表現するのは避けるべきである。相手に大きな不安を与えることになり

かねない。実際、ヨーロッパ産のミネラルウォーター（硬水）の中には、電気伝導率が225 mS/mといった非常に高いものが飲料水として高価で販売されている。

電気伝導率計を用いて電気伝導率を測定する際には、

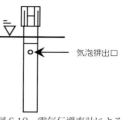

図6.10 電気伝導率計による測定時の注意（李原図）

① 測定を行う前に、これから測定を行う水試料で電気伝導率計のセルを共洗いする。
② セルを測定する水試料の中に入れ、最初に2～3回ほど上下左右に動かす。
③ 測定を行う。この際に、必ず、水試料の水面がセルの気泡排出口の上までくるように測定を行う（図6.10）。

電気伝導率は測定値が安定するまでの時間が短く、1分程度で安定する。

電気伝導率セルに内蔵されている温度センサー利用し、河川水、湖沼水、地下水を汲み上げて測定する場合は、水温が気温の影響を受けやすいので、水温の測定を先に行う（pH、溶存酸素計も同様）。

測定後のメンテナンスとしては、蒸留水などでセルをよく洗浄し、ティッシュペーパーや布で水分をふき取る程度でよい。

6.5 pH

pH（ピーエイチ）は、水の酸性、中性、塩基（アルカリ）性を示すものである。pHとは、potential of Hydrogenの略であり、次式（式6.4）で表される。

$$pH = -\log [H^+] \qquad \cdots\cdots (式6.4)$$

ここで、[H⁺]は水素イオン濃度（mol/L）である。pHは水素イオン濃度（mol/L）を対数で表したものであるため、単位はない。式6.4で[H⁺]が1.0×10^{-7}（mol/L）と等しければ中性（pH＝7）、1.0×10^{-7}（mol/L）より小さければ酸性（pH＜7）、1.0×10^{-7}（mol/L）より大きければ塩基性（pH＞7）を表す。すなわち、pHの値は0～14であり、7が中性を示す。pHはパックテストや比色法による測定も可能であるが、最近は、pH計による測定が主流である。

河川水、湖沼水、地下水のpHを支配する要因はさまざまであり、降水、地質、火山・温泉、微生物および人間活動の影響などが挙げられるので、pHのみでその場の水環境を議論するのは難しい。しかし、比較的簡単に測定でき、水の性質を表す重要な指標であるので、現地測定項目としてよく用いられている。

・pH計

pH計は、大きく分けて、現地調査で用いる携帯用と精密な測定が可能な実験室用の2種類がある。現地調査で用いる携帯用は、7万円程度で購入できる。pH計は、水に直接つける電極と各種設定値がデジタルで表示される本体、そして電極と本体をつなぐケーブルで構成される。湖沼の水深ごとのpHが測定可能な長いケーブル付きのpH計は20～30万円する。従来の電極には、薄いガラスが用いられたが、近年では丈夫で厚いリチウムガラスや樹脂製の電極が用いられるようになり、現地調査でも使用しやすくなっている。

また、近年は、電極、本体、ケーブルが一体となった小型で安い現地調査用のpH計（図6.11）（外形寸法：170 × 30 × 20 mm）も販売されており、3万円程度で購入できる。

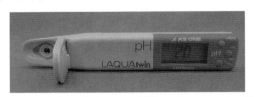

図6.11　小型pH計（HORIBA社製、LAQUAtwin pH-11B）

・pH校正

pH計はpH 0～14まで測定が可能である。しかし、現地調査に出かける前に、必ず、pH標準溶液による校正を行う。pH校正をしないと、全ての測定データが狂ってしまい、せっかく測定したデータが無意味なものになってしまうので注意する。

まず、pH校正を行う前に、pH電極の内部液を入れる。pH電極の内部液は主に塩化カリウム（KCl）溶液（3.3 mol/L）が用いられる。一般的に、pH校正は3点校正が基本である。その際に用いるpH標準溶液としては、pH 4.01（フタル酸塩）、pH 6.86（中性リン酸塩）、pH 9.18（ホウ酸塩）が代表的なも

のである。

現地調査によっては、たとえば、強い酸性の温泉などの調査では、pH 1.68（シュウ酸塩）標準溶液、また、強い塩基性の温泉などの調査では、pH 10.01（炭酸塩）標準溶液を用いる。基本的な pH 校正方法に関しては、それぞれの pH 計の取扱説明書を参照すること。pH も水温によって変化する。しかし、最近の pH 計は水温 25℃による自動温度補正機能が付いているので、測定者による補正の必要はない。

図 6.12　測定作業のようす（富山県黒部川）（李撮影）

・pH 測定とメンテナンス

pH 計を用いて pH を測定する際には、

① まず、測定を行う水試料で pH 電極の共洗いを行い、

② pH 電極を測定する水試料の中に入れ、最初に 2〜3 回ほど上下左右に動かしてから、

③ 測定を行う（図 6.12）。pH は電気伝導率に比べ、測定値が安定するまでの時間が長く、測定に数分程度かかる。

測定後のメンテナンスとしては、蒸留水などで電極をよく洗浄し、ティッシュペーパーや布で水分をふき取る程度でよい。しかし、pH 電極は乾くと故障の原因につながるので、必ず、蒸留水で濡らした状態で保管しなければならない。このため、電極には必ずキャップを付けて保管する。長期保管には、内部液と同様な 3.3 mol/L の塩化カリウム（KCl）溶液に浸しておく。内部液の交換頻度は、使用頻度や保管状態にもよるが、1 ヶ月に 1 回ほどが目安である。

6.6 溶存酸素 （DO）

　溶存酸素または DO（Dissolved Oxygen：ディーオー）とは水中に溶存する酸素（O_2）のことである。水中の溶存酸素の量は、大気との接触、植物プランクトンによる光合成、生物の呼吸、死骸や有機物の分解などで変動する。このように、溶存酸素量は、水中の生物（有機物）の生産・分解過程と深く関わっているので、湖沼や河川の調査では欠かせない指標である。

・溶存酸素量および飽和度

　水中に溶け込んでいる溶存酸素量を表す方法は大きく分けて 2 種類ある。一つ目が、測定された絶対値であり、1 L の水の中に溶け込んでいる酸素（O_2）の量を重量（mg）で表す。

　二つ目は、飽和度である。溶存酸素における飽和度は、水試料中の実際の溶存酸素量と、その状態での酸素の飽和溶存酸素量との比であり、単位は％で表すことが多い。

　すなわち、水中に溶け込んでいる酸素が全くなければ 0 ％（無酸素状態）、溶け込める酸素の量と溶け込んでいる酸素の量が等しければ 100 ％（完全飽和）、溶け込める酸素の量より溶け込んでいる酸素の量が多ければ 100 ％以上（過飽和）となる。

　飽和度の算出方法は、次のとおりである。

　たとえば、ある調査地点における溶存酸素量が 7.50 mg/L、水温が 15.0℃、気圧が 1 気圧（1,013 hPa）であったとする。表 6.2 により、1 気圧、15.0℃における純水中の飽和溶存酸素量が 9.76 mg/L であるから、溶存酸素の飽和度は、（7.50 mg/L ÷ 9.76 mg/L）× 100 ＝ 76.8 ％となる。

　表 6.2 は、1 気圧という条件下での飽和溶存酸素量の値である。そのため、気圧が低い山などでは、気圧の変化に関する補正が必要である。気圧の変化による補正は、標高 0 m における標準大気と各標高の気圧の比（表 6.3）を飽和溶存酸素量に乗ずることによって行う。

　たとえば、ある湖沼の標高が 1,200 m、水温が 15.0℃、溶存酸素量が 7.50 mg/L であったとすると、表 6.2 により、15.0℃の飽和溶存酸素量は 9.76 mg/L であるから、この湖沼における溶存酸素の飽和度は、7.50 mg/L ÷ 9.76 mg/L × 100 ＝ 76.8 ％となる。しかし、この湖沼は標高 1,200 m の所にある

6 現地調査における道具・測定機器の基礎知識 55

表6.2 1気圧（1,013 hPa）下における純水中の飽和溶存酸素量（単位：mg/L）

水温（℃）	0	10	20	30
0	14.16	10.92	8.84	7.53
1	13.77	10.67	8.68	7.42
2	13.40	10.43	8.53	7.32
3	13.05	10.20	8.38	7.22
4	12.70	9.98	8.25	7.13
5	12.37	9.76	8.11	7.04
6	12.06	9.56	7.99	6.90
7	11.76	9.37	7.86	6.86
8	11.47	9.18	7.75	6.76
9	11.19	9.01	7.64	6.68

日本分析化学会北海道支部編「水の分析」（1987）、新井（2003）

表6.3 標高差による飽和溶存酸素量の補正係数

標高（m）	0	1000	2000	3000
0	1.00	0.89	0.78	0.69
200	0.98	0.87	0.77	0.67
400	0.95	0.85	0.75	0.65
600	0.93	0.82	0.73	0.64
800	0.91	0.80	0.71	0.62

ICA標準大気：理科年表に基づき作成、新井（2003）

ので、表6.3により、飽和溶存酸素量が標高0 mより0.87倍小さくなる。すなわち、この湖沼における溶存酸素の飽和度は、7.50 mg/L ÷（9.76 mg/L ×0.87）× 100 ＝ 88.3％となる。そのため、溶存酸素量を測定する際には、必ず水温と標高を記録しておく。なお、飽和溶存酸素量は共存する塩分濃度の影響を受け、塩分濃度が高くなるほど飽和溶存酸素量は低くなるので、注意すること。また、気圧や塩分濃度に関する設定は、各測器の取扱説明書を熟読すること。

・溶存酸素量の測定方法①：滴定法

　溶存酸素量の測定方法には、溶存酸素がもつ酸化剤としての働きを利用した滴定法、酸素を透過する選択性膜（隔膜）を用いた隔膜電極法、蛍光発光の強度が酸素量に反比例する原理を利用した蛍光法の3つの方法がある。

　酸化剤としての働きを利用する分析法としては、ウインクラー法（ウインクラー法―アジ化ナトリウム変法）が代表的である。ウインクラー法は、現地での採水後、硫酸マンガン（Ⅱ）（$MnSO_4 \cdot 4H_2O$）溶液とアルカリ性ヨウ化カリ

ウム（KI）―アジ化ナトリウム（NaN₃）溶液を用いて、溶存酸素の固定を行う。その後、実験室に持ち帰り、滴定分析により定量を行う方法である。

ただし、ウインクラー法の溶存酸素固定に使用する硫酸マンガン（II）とアルカリ性ヨウ化カリウム―アジ化ナトリウム溶液は、急性毒性を有し、環境に放出されると水生環境に悪影響をおよぼす恐れがある薬品なので、現地での取り扱いには十分注意する。

・溶存酸素量の測定方法②：隔膜電極法（隔膜電極式溶存酸素計）

酸素を透過する選択性膜（隔膜）を用いた隔膜電極法としては、隔膜式ガルバニ電極法がよく用いられている。隔膜式ガルバニ電極法を採用した溶存酸素計は、15万円程度で購入できる。隔膜式ガルバニ電極法の構造を図6.13に示す。

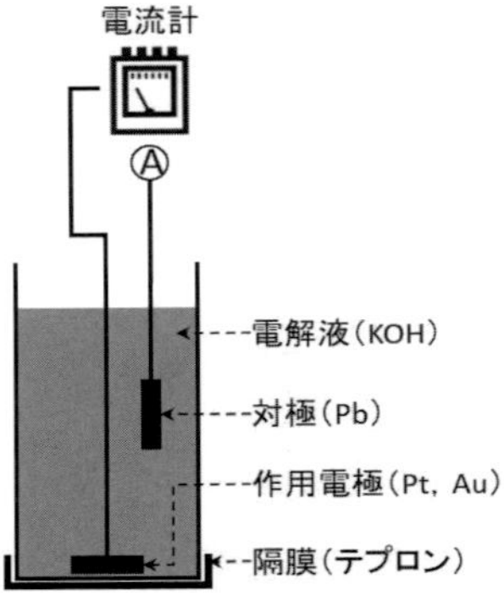

隔膜式ガルバニ電極法の短所として、電極（センサー）の寿命が短いことが挙げられる。その原因としては、物理的な隔膜のキズや破れ、電解液の蒸発、対極の消耗、作用電極の汚れなどがある。また、一定期間ごとにゼロ校正や大気スパン校正、隔膜部の洗浄が必要となる。

図6.13　隔膜式ガルバニ電極法の構造（李原図）

・溶存酸素量の測定方法③：蛍光法（蛍光式溶存酸素計）

上記のように、隔膜電極式溶存酸素計は、電極（センサー）の構造上、定期的な隔膜や内部液の交換などのメンテナンスが必要である。また、一定期間ごとにゼロ校正や大気スパン校正や隔膜部の洗浄が必要となる。そこで、最近では蛍光式溶存酸素計が主流となっている（図6.14）。蛍光式溶存酸素計は、20万～25万円程度で購入可能である。隔膜電極式溶存酸素計より高価だが、隔膜や電解液を使用しないため、ランニングコスト面で優れている。メンテナンスがほとんど必要なく、乾燥状態での保管も可能であり、また流速に影響されないため、安定性も優れており、短時間での測定が可能である。この蛍光式による溶存酸素量の測定方法が工場排水試験方法JIS K 0102にも採用されるようになり、今日では蛍光式が主流となっている。

測定原理は、センサーの内側に塗布されている蛍光物質に青色の LED（発光ダイオード：波長 360 nm 程度）を照射すると、蛍光物質が基底状態から励起状態になることを利用している。この励起された状態から元の状態である基底状態に戻る際に、赤色の光を発光する。このとき、水中に溶存酸素が存在すると、励起エネルギーが酸素分子に奪われ、蛍光発光の強度が減少する（消光現象）。したがって、発光強度は酸素量に反比例する。すなわち、溶存酸素の量が多ければ多いほど、発光強度さらには発光時間が減少する。そこで、発光強度と発光時間を計測することで水中の溶存酸素量の測定が可能となる。

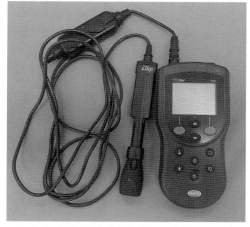

図 6.14　蛍光式溶存酸素計（HACH 社製、HQ30d）

・溶存酸素量測定（蛍光式）とメンテナンス

蛍光式溶存酸素計を用いて溶存酸素量を測定する際には、

① 測定を行う水試料でセンサーの共洗いを行う。
② センサーを測定する水試料の中に入れ、2～3 回ほど上下左右に動かす。
③ 測定を行う。

測定後のメンテナンスとしては、蒸留水などでセンサーをよく洗浄し、ティッシュペーパーで水分をふき取る程度でよい。ただし、蛍光物質が塗布されているセンサーキャップは、経年劣化などによって蛍光物質が剥がれることがあるので、年 1 回程度の交換が必要となる。

6.7　簡便な水質分析

水質を知るためには、水の中にさまざまな形態で含まれている物質を調べることが重要である。そのためには、濁度、透明度などの物理的な指標、水の中に溶け込んでいる各種イオン（たとえば塩化物イオン、カルシウムイオンなど）

などの化学的な指標、水の中に生息している一般細菌、大腸菌などの生物化学的な指標の測定が必要となる。

最近では、分析化学的手法の発展などによって、20〜30年前には専門的な研究者しか分析できなかった項目（指標）が比較的に簡便に分析できるようになっている。ここでは、その中でも、比較的安価で簡便に測定が可能な各種イオン成分とその測定法について紹介する。

・現地における簡便な水質分析：パックテスト

水に含まれている各種物質の濃度を現地で精確に測定するのは非常に困難である。なぜなら、試薬の調整や滴定などのためにさまざまな器具や分析機器が必要となるからである。しかし、現地で、簡便に各種物質の濃度を知ることができればさまざまな利点がある。

まず、調査効率が上がることはもちろん、採水する水の量も調整することができ、調査地点や分析項目の選定にも役に立つ。従来より、通常、パックテストとよばれる比色分析が広く使われている（図6.15）。パックテストとは、測定対象物質を発色させる一定量の試薬が入っているポリエチレン製のケースに水試料を入れ、その発色の度合いを標準色原本と比較することで、濃度を求める。価格も安価で1サンプルあたり200〜300円程度である。

このパックテストの問題点としては、人間の目で色を比較し、比較対象となる標準色も5段階に区別されている程度であるため、測定精度は高くない。また、廃液の処理もかなり面倒である。ポリエチレン製のケースに試薬が入っているので、現地での処分は難しく、分析項目によっては廃液を捨てることができないので、項目ごとに廃液を集め、廃液処理業者に依頼する必要もある。

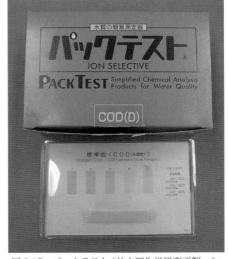

図6.15　パックテスト（共立理化学研究所製、パックテスト WAK-COD）

6 現地調査における道具・測定機器の基礎知識　　59

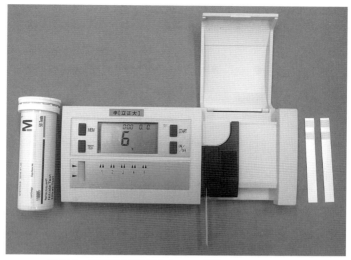

図 6.16　簡易反射式光度計（Merck 社製、RQ フレックス（R））

・**現地における簡便な水質測定：反射式光度計**

　近年、現地で反射式光度計を用いることで、より高精度な測定が可能となっている（図 6.16）。基本的な原理はパックテストとほぼ同様である。試験紙（端に試薬が塗られた尿検査で使われるようなスティックの形状）を水試料につけ、発色させ、反射式光度計を用いて定量する。価格は 10 万から 13 万円程度で、大きさも持ち運び可能なサイズ（19 × 8 × 2 cm 程度）である。試験紙は各測定項目によって異なるが、5,000 〜 15,000 円（50 個入り）程度で、1 試料あたり 100 〜 300 円程度である。試験紙の種類も硝酸、亜硝酸、アンモニア、リン酸、カルシウム、鉄、pH などと豊富にあり、廃液も発生しない。本体の購入費用がかかるが、パックテストより精度の高いデータが得られる。

・**簡易反射式光度計による測定とメンテナンス**

　反射式光度計を用いて各種物質の濃度を測定する際には、測定する物質によって試験紙とその反応時間が異なるので注意する。基本的な測定原理が光度計であり、周囲が明るすぎるとエラーになるので、なるべく日陰で測定する。測定後のメンテナンスとしては、アダプターを蒸留水などでよく洗浄する。

文献

日本分析化学会北海道支部編（1981）『水の分析―第3版』化学同人
新井　正（2003）『水環境調査の基礎　改訂版』古今書院
立正大学地球環境科学部環境システム学科編（2016）『環境のサイエンスを学ぼう―正しい実験・実
　　習のために―』丸善プラネット

6章のキーポイント

1. 水の量的な測定は難しいからこそ、常にさまざまな工夫をして精確に測定
　　できるようにする必要がある。
2. 水の質的な測定・分析は、その原理や手法を十分に理解することで、誤差
　　をかなり減らすことができる。
3. 水質を考える場合も、水の量（流れ）の測定データがあれば、各物質の負
　　荷量が算出できる。
4. 多くの測定機器がデジタル化され、使いやすくなっているが、測定機器の
　　基本原理や測定値がもつ意味を十分理解しないと、不精確な測定結果や間
　　違った解釈につながる恐れがある。

7　現地調査の記録　野帳と略地図

7.1　観測位置の確認

　現地で観察、測定に行くときは、自分の位置を常に正確に把握しておくこと。GPS を用いればピンポイントの位置を把握できるが、周辺の地形、標高、土地利用もあわせて把握しておくことも大切であり、地形図に調査地点を書き込んでおくとよい。GPS の軌跡機能によってルートを自動的に記録させることも可能であるが、地形図に観測・観察地点、移動間に撮影した写真の地点を適宜記録するとともに、移動経路を記入しルートマップを作成する。これらを記録した地形図をみることで、調査地点の周辺環境がより把握しやすくなるし、再度調査地を訪れるときに同じ場所に行きやすくなる。

　スマートホンに付属の位置情報機能や GPS の精度が向上し、これらの機器は街中では問題なく機能するが、山間部の電波が届かないところや充電が切れたりすると役に立たなくなってしまうので、地形図による把握もあわせて行うことが重要である。

7.2　野帳（フィールドノート）の書き方

　いよいよ野外調査が始まり、調査地点に到着し、観測・観察を実施することになる。観測地点だけでなく、写真の撮影地点や観察した場所についても、適宜地点の位置を地図などで確認し、地図上にその位置を記すとともに、野帳に調査日や時間、その地点の地点番号、名称などを記録する。聞き取り調査の場合には、住所、施設名、持ち主などもできるだけ記録する。また、GPS を利用するときには、記録した地点番号も控えておく。同時に、その地点での開始時間から調査を終了した時間も記録するとよい。デジタルカメラで撮影すると、撮影時間も記録されるので撮影時間からどの場所で撮影したか、逆に記録した時間からどの場所かがわかるので便利である。

　天気や土地被覆・植生など基本的な自然環境についても、忘れずに記入する。あとで、観測した結果を解釈したり、地点の記憶を呼び起こすためにも、調査

地点周辺の特徴は簡単にでも記録しておく。複数のメンバーで調査を実施した場合には、グループのメンバー、記録・測定・観測などの実施者、使用機器なども記録する。事前に調査記録用紙を作成している場合はそれに従って各項目を記入する。

調査記録用紙がある場合でも、用紙以外の項目を書くために野帳を併用するとよい。野帳の書き方にとくに決まりがないが、後々みてわかりやすく、みやすいように工夫してまとめる。また、あまり時間をかけて書かないですむように書き方のスタイルの統一化、箇条書き、地点ごとにページを変えるなどの工夫をするとよい。

7.3　スケッチと写真

野帳や調査記録用紙に観測結果、測定データを記録するが、現場の状況や自身が気がついたことなどの記録も重要である。たとえば、浮遊物の有無、流れが速い・遅い、水のにおい、冷たい・温かい、しょっぱい・苦味があるなど、水の特徴を五感（視覚・聴覚・嗅覚・触覚・味覚）で把握できることも書き記す。人間の感覚では測れないあるいは数値化するために観測・測定機器を用いて水質や水量を計測しているととらえれば理解できるであろう。

記録の手段としては、野帳や調査記録用紙に記載・記述するのが一般的であるが、空間的な広がりや動きについては、写真やビデオなどでも記録する。視覚でとらえられるものを簡単に記録できるカメラは必須である。ビデオは聴覚で捉える音や動きも記録することができる。嗅覚・触覚・味覚はカメラやビデオでは記録できないため、これらの記録は野帳に記述する。

写真やビデオは簡単に多くの記録を残すことができるが、特徴や何を記録したか忘れてしまったり、わからなくなることもあるので、特徴の提示や追加情報を野帳などに書き加える。写真だけでなく概略図、スケッチによる描写などアナログ的な記録も時間や手間はかかるが重要である。

写真の撮影は、特定の方向だけでなく、さまざまな方向、位置から撮影をしたり、望遠と広角の両方で撮影することも大切である。同じ対象を撮影する場合も、決して面倒がらずに移動して無理なく危険のない範囲でさまざまな角度・位置から調査地点をみることを心がけてほしい（図 7.1）。

7　現地調査の記録　野帳と略地図　　　　　　　　　　　　　　　63

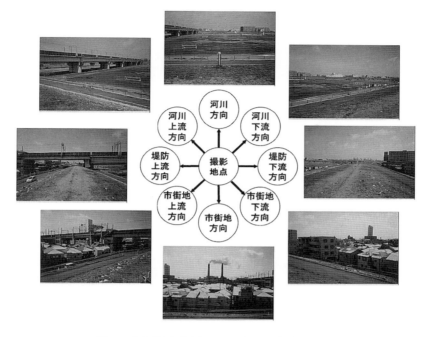

図7.1　さまざまな方向をとらえた河川環境（谷口原図）
（荒川河口より25kmの右岸堤防上より谷口撮影）

7.4　簡易的な測量

　河川の幅、水位や傾斜など距離や高さなどの理解は水環境調査でも必要である。2地点間の高低差を測定するために高価な測量機器で精度の高い地形計測を行うこともあるが、略地図やcmレベルでの高低差の把握であれば、通販やホームセンターなどで安価で購入できる道具を使った測量でもよい。地理や地質の調査では、ハンドレベルや方向を測るためにクリノメーターを用いる。しかし、ここでは、方向（角度）を測定するためのポケットコンパス（方位磁石）と角度を測る定規（分度器など）、水平を示す水準器、折尺と巻尺などを使った簡易的な測量について説明する。

・略地図の作成
①略地図作成の測量を行うため、全体を見渡せる基準点を設定する。

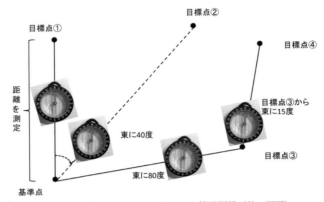

図7.2　ポケットコンパスを用いた簡易測量（谷口原図）

②つぎに、目標とする地点への方向（方位）を確認する。同時に、ポットコンパスのNとSを合わせ、基準点から目標点方向と真北方向との角度を測る。このとき、ポケットコンパスと分度器などは地面に水平に置くか、画板を水平に保ってその上で測定すると比較的正確な方向が測れる。

③目標点の方向が定まったら、巻尺で基準点から目標点まで（測線）の距離を測る。求める精度や費やせる測量時間によっては、歩測による距離の測定も有効である。

④基準点もしくは目標点からさらに別の目標点までの方向と距離の測定を繰り返し行う。この時の基準点・目標点の位置を定めていくが、固定した目標物がある場合はそれらを目標点とし、自然河川での調査で目標物がないあるいは位置の確認がしづらくなる場合は落ちている木を挿したり、目立つ石などを置くなどの工夫をする。

⑤2点間の距離や方向だけでなく、測定した対象物の位置や大きさなども図に示し略地図を完成させる。なお、目標点間で測線を引いて測定すれば、より精度の高い略地図が作成できる。しかし、その分時間や手間を要するため、現場の状況や求める精度に応じて判断する。

⑥現地で測量した図は、野帳への記録、スケッチ、写真を基に、調査後の作業として、清書する。

　現地での測量と作図は、慣れていないと時間と手間を費やすことになるが、

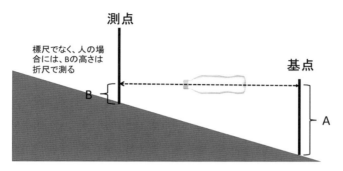

基点と測点の高低差＝Aの高さ－Bの高さ

現地を理解するための貴重なデータであり、オリジナルの成果となる。

・地点の高さを測る

地点の高さの測るための測量では、基本的には高低差を求める。簡易な高低差の測定にはハンドレベルとよばれる簡易の測定機器や

図 7.3 高低差の簡易測量（谷口原図）

高価なレベルを用いるのが一般的だか、ここでは水準器などを用いた方法を説明する（図 7.3）。

①まず、基点を設定する。絶対的標高を知りたい場合には地形図上の三角点や水準点を基点とするが、高低差を測りたい場合は任意の２点間になる。

②基点と高さを測りたい地点（測点）に標尺を立てる。また、標尺のかわりに人でもよい。

③基点から測点まで水平にロープを張る。この時ロープがたわまないように注意する。水平状態は水準器で確認するが、ない場合はペットボトルに半分くらいの水を入れ、水面に傾きがないことをみれば確認できる。ペットボトルには事前に傾きが無い状態の線を記入しておく。

④基点と測点での標尺位置の差が高低差となる。

⑤２点間の距離がある場合は繰り返し高低差を測定し、その和が２点間の高低

差となる。

これら作業は何人かで行うが、地形や建物の配置などの状況によってさまざまな工夫が求められる。正しい測量結果が得られないと観測結果の分析にも支障が出てくるので、角度や距離の計り間違いのないように注意する。

7.5　調査地点と時刻の選定

水環境は日変化、季節変化、年変化など時間の経過、土地利用や地形・気象などの人為的条件・自然条件によっても変化が生じる。そして、対象とする広さによっても見方が変わってくる。このように、環境を考えるときには「空間スケール」と「時間スケール」を十分に考慮しなくてはならない。取り扱うスケールに違いが生じていれば、正しい結果を導き出せなくなったり、つじつまが合わなくなる。このため、それぞれの適切なスケールを用いることが必要である。さらに、目的によっても調査地点や調査時間をそれぞれ考えなければならない。同じ場所や同じ時間で観測しても、異なる状況であれば、得られる結果も異なってくる。

水質測定する場合には、人間の影響を考慮しなければならないこともあるし、異なる水源（起源）を持つ水が交わる前に測定するなど、さまざまな工夫が必要である（図7.4）。人為的影響を受ける前と後の状態を把握することによって、初めてその変化、人為的影響が把握で

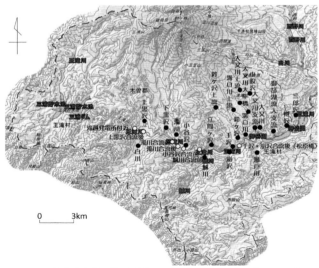

図7.4　御嶽山南麓王滝川流域における水質調査地点（谷口 2016）
支流からの本流河川への影響および支流における河川水質の人為的影響を把握するための調査地点例。本流では支流の合流直前と合流後、支流では居住地域より上流と本流合流直前で調査。○は王滝川本川の調査地点、●は支流の調査地点を示す。地理院地図（電子国土WEB）を基図に作成。

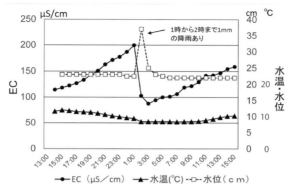

図 7.5　2012 年 3 月 24 日〜 25 日の豊田市内都市河川の水質変化（谷口原図）

きる。人為的影響だけでなく、降雨によって、河川水が希釈されたり、逆に酸性雨の影響で水質が変化することもある（図 7.5）。このような現象を把握するためには、継続した測定が必要となる。

　水量についても、河川の分水や取水、揚水による地下水位の低下などの人為的影響を考慮して調査地点を選ぶ。自然現象としても、降水による河川や湖沼の水位上昇、潮汐の影響による河川水位や地下水位の上昇・低下の変化などもある。このため、影響のある状態を測定したいのか、影響のない状態を測定したいのか、何の影響があるのかなど、何を明らかにしたいかをきちんと考えて、その目的にあった場所・時に調査を行うことが必要である。

文献
新井　正（2003）『水環境調査の基礎　改訂版』古今書院
谷口智雅（2016）2014 年の御嶽山噴火が陸水に及ぼす影響　陸の水

---

7 章のキーポイント

1. 観測地域、調査地点の位置と周辺の様子は地形図（地図）で常に確認。
2. 記憶は曖昧なもの。筆記、撮影などによる調査結果の記録は必ず実施。
3. 高価な機器による測定も重要だが、工夫して各観測地点の貴重な情報を得ることも大切。
4. 調査後の分析や考察も考慮し、効果的で合理的な観測計画と調査地点、観測時間を検討。

8 水体の形状の計測

8.1 河川の形状

　現場で計測する河川の形状として重要なものは流水の断面図である。流量観測の一般的な方法は、流水の断面積と流速とを組み合わせる方法である（→ 9.2参照）。したがって、流水断面図の作成は流量測定のために必須の作業となる。流水断面図の作成にあたっては、水深の浅い小さな河川では、

① 流れに直角に巻尺あるいはメートル縄（間縄）を張り測線とする。

② 測定者が川に入り水深を測定する。

③ 水深の測定の際には測定者は測線の下流に立ち、上流方向を向いて作業を行う。水深の測定には折尺や物差しを使用する。流れが速いときには折尺や物差しに添木が必要となる。

　これらの作業は、水深の測定者 1 名、巻尺や間縄（測線）を張る係 2 名、データの記録係 1 名の計 4 名で行うとスムーズである。慣れてくると、測線を張る係の 1 名がデータの記録係を兼ねることも可能である。流速が 1 m/sを超えるような場合、水深が膝上まである場合、あるいは苔がついて河床が非常に滑りやすいような場合には観測を行うべきではない。巨礫の周辺では河床が洗掘されて急な深みとなっていることもある。また、流速が遅くても、水深が腰まであるような場所での観測は絶対に避ける。冬期の調査時にはとくに慎重さが必要である。

　一級河川や二級河川の中〜下流や、川幅が広く水深の大きな河川では、川に入って水深を測定することは不可能である。このため、橋の上から先端に重りをつけたロープを垂らして水深を測定する方法をとる。流速が非常に速い場合、ロープが流されてしまうことが多いので、水深を求める際にはロープの傾きを計算にいれる必要がある。

　一つの断面あたりの水深測定点の数であるが、流量を求めるための水流断面図の作成という場合には、どれくらいの精度で流量を求めたいのかという調査目的に合うように測定点の数を決めればよい。JIS では 1 断面で水平方向に

15 地点以上となっているが、川幅が数 m 程度の小さい河川では右岸と左岸、その間は 50 cm 間隔とかでもやむをえない。さらに川幅の狭い河川では、右岸、左岸、中央の 3 点だけというケースもある。用水路のようなコンクリート三面張の細い水路では、中央の 1 点だけの測定で間に合うときもある。このような見当で、1 m とか 50 cm、あるいは 25 cm のような区切りのよい数字で測定間隔を決め、できる限り等間隔で水深を測る。水深の測定精度は cm 単位で十分である。河川流量の日変化を知りたい場合には、流量の測定精度をあげるため水流断面の計測は必ず同じ測線で行う。巻尺は可能な限り張りっぱなしにしておく。それができないときには、両岸で動かないはっきりした目印を決めておき、測定時には毎回その目印の間で巻尺を張り直して測線を設定する。以上のようにして求めた河川の水流断面図に基づいて、適切なポイントにおいて流速を測定し（→ 6.3、9.2 参照）、両者を組み合わせることによって河川流量を求める。

8.2　湖沼の形状

　湖沼の形状の計測では、その形（湖岸線）と深度を求める。日本の代表的な湖沼については国土地理院や地方公共団体が発行している大縮尺の地図（1 万分の 1 湖沼図など）があるので、改めて湖岸線や深度を計測する必要はない（→ 3.1 参照）。ただ、調査の目的によっては既存の地図では不十分で、もっと大縮尺の湖沼図が必要な場合がある。また、小さな湖沼や貯水池では既存の資料が手に入らないケースも多い。このような場合には、自分で計測をして湖沼図を作成する。湖岸線の決め方には、基線を用いる方法や湖岸を一周して行う方法がある。深度は、重りをつけたロープをつかってボートから測定する。湖底に泥が堆積しているような湖沼では、重りの下部に板を取り付けるなどして、泥の中に重りがもぐらないよう工夫する。測深は魚群探知機を用いた音響探査によって行うこともできる。これらの方法については 3.1 ならびに西條・三田村（1995）を参照するとよい。湖沼にボートを浮かべて行う作業にはつねに危険がつきまとう。ライフジャケットなど安全装備に万全を期することはもちろんだが、天候の急変が予想されるときには調査は見合わせる。とくに標高の高い山中の湖沼では、午後の調査時には雷に対する注意も必要である。

図 8.1 はこのようにして作成された湖沼図の例である。得られた湖沼図に基づいて湖沼の容積（体積）を求め（→ 3.1 参照）、さらに流入する河川の流量がわかれば、調査を行っている湖沼の水のおおよその滞留時間を知ることができる。湖沼の生態系や物質循環を考える上で、この水の滞留時間は重要な情報を与えてくれる。また、過去の湖沼図と比較することによって、堆積作用や侵食作用による湖岸線や湖盆形態の変化がわかる。近年は人為的な影響が大きくなり、全国的に湖沼の特性が急速にゆがめられている。このような湖岸線や湖盆形態の変化は、人為的な影響もふくめた最近の湖沼の自然環境の変化とその速さを教えてくれる。

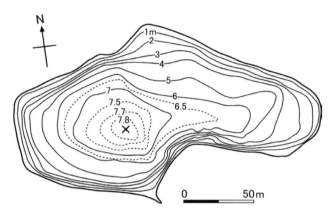

図 8.1　長野県阿南町「深見池」湖沼図（八木ほか 2009）

8.3　地下水面の形状

地下水面の形状の測定には井戸を対象とした測水調査を行う。そのためには、まず水面を上から覗くことができる開放井戸（いわゆるコガ井戸；図 10.2）を探すことから始める。調査可能な井戸が見つかったら、水面計（水位計）を使って地下水位を測定する。そして、地盤標高、井戸枠の高さなどを考慮した上で、得られた値を地下水面標高に換算する（→ 15.4 参照）。水面計が準備できないときには、先端に重りをつけたロープを井戸の中に垂らし、重りが水面についたときに生じる水の乱れをたよりに水位を測定する。最近は家庭用の

8 水体の形状の計測 71

浅い井戸であっても、細い塩ビパイプや鉄管を打ち込んだ形のいわゆる打ち込み式井戸が多い。打ち込み式井戸では井戸管はポンプと直結されているため、水位の測定はできない。このような場合にはいさぎよくあきらめるしかない。また開放井戸でも、安全のために重いコンクリートの蓋で上が覆われているときがある。このような井戸では、井戸の所有者の許可を得たうえでコンクリートの蓋を2～3cmずらすことができれば、その隙間から水面計のセンサーや測深用のロープを垂らして測水を行うことができる。所有者との交渉次第である。ただし、この時に動かしすぎて蓋を井戸の中に落としたり、調査後に蓋を開けたままにしておくことがないように注意する。

　以上のようにして求めたそれぞれの井戸における地下水面標高をつなぎ合わせ、地下水面等高線を描く。すなわち、地下水面図の作成であり、この作業によって調査地域の地下水面の形状が明らかとなる。例として、富山県黒部川扇状地の地下水面図を図15.4（p.129）に示してある。ここで、地下水は地下水面等高線に直交するように流れる。したがって、正確で緻密な地下水面図は、調査地域の地下水資源の適切な開発や保全、また汚染が発生している場合には汚染物質の広がりや到達時間の予測にも役立つ、きわめて有用なものとなる。

　地下水面等高線を描く際には、隣接する数地点の井戸の地下水面標高の値に基づいて比例配分法によって行う（図15.3）。地下水面図を作成する上で必要となる調査井戸の数は、調査目的や地域の自然条件（地形・地質など）によって決まってくる。地下水面の形状は、地質はもちろんであるが、地表面の形状に制約を受けることが多い。このため、地質構造が単純でかつ起伏に乏しいような地域であれば1 km^{2}あたり1～2点もあれば十分である。反対に、段丘崖のような地形の急変点、地下水の流動を阻害する可能性のある断層周辺、地下水と河川水の複雑な交流が予想される河川近傍などでは、調査地点の密度を高くする必要がある。また、地下水汚染の広がりの把握を目的とするような調査では、汚染源の周辺はもちろん、その下流方向に可能なかぎり多くの調査地点の設定が必要になる。もし希望する地点に地下水位の測定ができる井戸がみつからないときには、自力で井戸を掘るしかない。三角州などの低地や水田地帯などでは、地表面下1m程度と地下水面が非常に浅いところにある場合が多い。このような地点ではスコップで大きめに地面を掘り、"掘り井戸"をつ

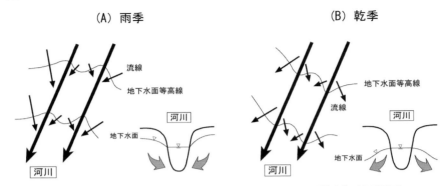

図 8.2 河川とその周辺における地下水面等高線の形状とその季節変化（安原原図）

くることができる。少々専門的で高価（10 万円前後）になるが、ハンドオーガーを使えば、関東ローム層のような柔らかい地質なら、口径 10 cm、深さ 5 m 程度の井戸を人力だけで数時間程度で掘り上げることもできる。

　地下水面の形状は季節によって変化することがある。地下水面は雨の多い季節（梅雨期や台風期）には上昇し、雨の少ない季節（冬期から春先）には低下する。多くの場合、季節による水面の上下はあっても、雨季でも乾季でも地下水面の形状が大きく変わることは少ない。しかし、例外もある。たとえば河川の周辺では雨季には地下水面が上昇し、その結果、周辺の地下水から川に向かう流れが生じる（図 8.2（A）の流線）。一方、乾季に地下水面が低下して川の水位の方が高くなると、雨季とは反対に川から周辺の地下水に向かう流れが生じる（図 8.2（B）の流線）。このように、地下水面の形状が季節によって大きく変化する場合もあるので、年間を通してその形状を把握しておくのがよい。調査地の雨季と乾季を考慮して、年に 2 回の測水調査を行うのが原則であるが、さらに詳細に地下水面の形状と季節変化を知りたい場合には、キーとなる井戸を選んで自記水位計（→ 6.2 参照）の設置を検討する。

文献
西條八束・三田村緒佐武（2016）『新編湖沼調査法　第 2 版』講談社
八木明彦・甲斐尚子・梅村麻希・永野真理子・田中正明・下平　勇（2009）特別寄稿深見池『下伊那誌陸水編』下伊那誌編纂委員会

8　水体の形状の計測

8章のキーポイント

1. 調査目的に合わせて水体計測の地点数や測定精度を検討。
2. 河川の流水断面図の作成は流量算出のため不可欠。
3. 地下水の流動方向や流速、河川水との交流は地下水面図から。
4. 湖沼図から湖沼の自然環境の変化を知る。
5. 水体計測の際は安全第一。

9 降水量・流量・蒸発散量の測定

9.1 水収支のための降水量調査

　水資源として水の量、そしてその水の質を考えるためには、地表面に到達する水の量、すなわち降水量を、それも流域全体にもたらされる降水の総量を精確に把握する必要がある。まず第一段階として、流域や地域内の地点（観測点）にもたらされる降水量をいかに求めるかを示し、そのデータから流域（地域）全体の降水量を計算する方法について述べていく。

　雨や雪が降る現象、降水現象は日常生活にさまざまな影響をおよぼすものであり、環境を考える上でもきわめて重要な意味をもっている。地表面から蒸発して大気中に移動した水が再び地表面に戻ってくる現象が降水である。その降水現象を引き起こすプロセスについては気象学のテーマであり、ここでは取り扱わない。しかし、地表面にもたらされる水の量や分布はその後の水の循環、すなわち水文循環に大きな意味をもっているので、必要最小限の事項について以下に述べる。

　水文現象において降水を取り扱う目的には、主に次の二つがある。
（1）地域、あるいは流域全体の降水量の分布の傾向、あるいは平均的な値を求める必要がある場合
（2）特定の降水に対応する流域からの水の流出、水位などの変化を調べる場合
これらの場合の降水データの収集方法は、それぞれの目的によって異なる。

9.1.1 降水量データの入手
・広域の降水量データの入手法

　広い地域の降水量とその経年変化についてのデータを得るためには、気象庁のホームページなどからデータをダウンロードするなどの方法で既存のデータを集めることが考えられる。その他の行政機関や公共事業体などが継続して印刷物などで公表している場合もあるので、それらについては個別にあたって入

9 降水量・流量・蒸発散量の測定   75

手する。

　毎時の降水量などではなく、月降水量などのような長い時間の降水量については、対象、流域内にアメダスなどのデータが継続的に得られていれば、それを利用すればよい。地域にどれだけの降水がもたらされているのか、概数を把握するのであればそれで十分である。

　特定の降水についても、まずは気象庁や、日本気象協会のアメダスデータを検索するとよい。

・狭い地域の降水量データの入手法

　降水現象はきわめて局地性の高い現象であり、激しい雨が降っていても数キロ離れたところは晴ということもある。アメダスの観測点の間隔は十数 km～20km 程度であり、必ずしも十分な観測間隔ではない。そこで、緯度経度 1 度四方の格子点ごとの降水量を、アメダスのデータと気象レーダーのデータを併用して求めた「解析雨量」をオフラインで気象業務支援センターから電子媒体で入手することもできる。しかし、オフラインのデータは公表までに時間がかかることもある。とくに小流域の短時間の降水量の変化を把握しようとする場合には、自分で観測することが必要となる。何でもかんでも既存のデータを集めて済ませる、自分で野外観測はしないというのは自然科学としては如何なものか、よくよく考えてみる必要があるであろう。

　気象官署の降水量の観測は観測露場において行われている。しかし、自分たちで雨量計を設置する場所を決める場合にはどうするべきか。基本的には気象官署の観測露場と同じように、平坦な場所で、かつ建物などの構造物によって雨滴の落下が遮られるなどの影響を受けないところがよい。想定される風の影響を考慮し、周囲の樹木や建物からできるだけ離れたところに設置する。また、雨量計の雨水の受口が低く地表面に近いと、地表面で跳ね返った水が雨量計に入るので、ある程度受口が高いことも重要である。また、土地の所有者の許可が得られることが重要である。実際の現場では適した場所が見つからないことも多く、次善の場所を選ぶことも止む無しというケースもよくある。

　降水量を計測する場合、厳密には気象庁検定付きの雨量計を用いることが望ましいが、流域全体で降水量を把握したいときには、簡単な雨量計でも、むし

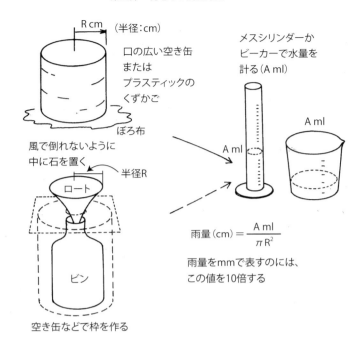

図9.1　手作り雨量計と降水量の算定（新井 2003）

ろ質より数、すなわち観測点の数が重要となるケースもある。

　日単位で降水量を計測したい場合には、雨量ますを用意して測定する。もし雨量ますがなければ円筒形の筒（直径10 cm程度のもの）などを用いて手作りの雨量計（図9.1）を作製し、適切な場所に固定して、毎日定時に貯水量を測定する。そして雨量計のなかの貯水量を円筒の断面積で割って日降水量を求める。時々刻々の降水量の変化を計測したい場合には自記雨量計、たとえばデジタルレインゲージ（図9.2、オーストラリア-テッグブランド社製、約1万3000円）は時間雨量で24時間まで、日雨量で1か月まで記録、読みとることができる。ほかにもいくつかのメーカーから類似

図9.2　雨量計デジタルレインゲージ＋温湿度計 XC0430

9 降水量・流量・蒸発散量の測定　　　*77*

の自記雨量計が出ているので予算と目的に合う計測器を用意し設置する。

9.1.2　流域の降水量～面積雨量の算定～

　河川のある地点に流れ出てくる水、河川流出水はその地点より上流の「流域」
に降った降水が流れ出てきたものである。したがって、河川流出量にはある地
点より上流に降った雨の総量が大きく影響を与える。その降水量の総量は、流
域内の降水量（降水高）と面積の積として求めることになる。

　降水現象には局地性があるので、流域内の降水量は流域内の各地点で異なる。
そのような場合にどのようにして平均値を求め、流域全体の降水量を求めたら
よいのか。水文学で多く用いられている方法には算術平均法、ティーセン法、
等雨量線法の三つの方法がある。

　算術平均法は、流域内にある程度の数の観測点が偏在することなく分布して
いるときに、それらの観測点の観測値を単純に平均して、流域の平均降水量を
求め、それに流域面積を乗じて流域全体の降水量、すなわち「面積雨量」を算
定する方法である。

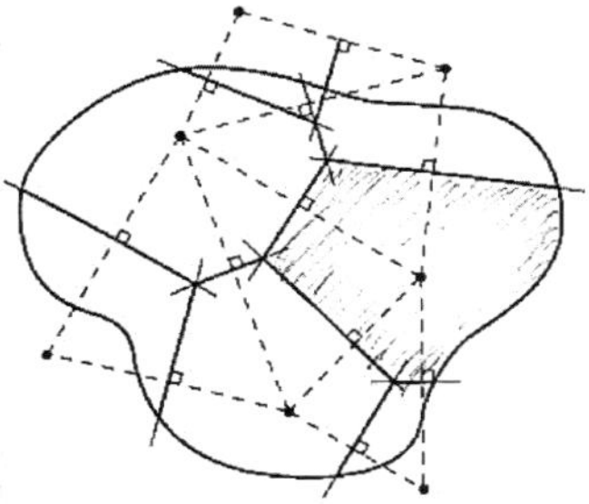

　ティーセン法は、観測点が偏在する場合に
用いる。たとえば平地部には観測点が多いが
山地部には観測点が少ないような場合、算術
平均法では平地部の観測値を過大評価するこ
とになる。そこで、それぞれの観測点の観測
値にその観測点が代表する地域（他の観測点
よりもその観測点が一番近い地域）の面積を
乗じて合計し「流域全体の降水量」、「面積雨量」

図9.3　ティーセン法（鈴木原図）

として算定する。具体的な手順は以下のとおりである（図9.3）。

①流域内の各観測点を隣接する3つの観測点を用いて、より正三角形に近い形
　の三角形を作る（図9.3の破線の三角形がその例）。

②すべての観測点を用いて三角形を作成、それぞれの辺の垂直2等分線を描き、
　その垂直2等分線でそれぞれの観測点を取り囲む「多角形」を描く。

③その観測点の降水量（降水高）にその多角形の面積を乗じて、その多角形の
　中の降水量とし、流域内のすべての多角形で求めた降水量の総和を流域全体
　の降水量（面積雨量）とする。

等雨量線法は，一定期間の降水量（一雨ごとの降水量、あるいは月降水量など）の等値線を描き、二つの等値線間の面積を求め、その二つの等値線の値の平均値を乗じて、その等値線間の降水量の総量とし、順次流域内の等値線間の降水の総量を求め、その合計を面積雨量とする。

アメダスのようにほぼ等間隔に観測地点が配置されている場合には、等雨量線法でも算術平均法でも大きな差は出ない。できるだけ密に降水量観測点を設置し、その観測値を基に面積雨量を求めれば、より精確な流域への入力、降水量を求めることができる。しかし、費用や労力を考えると観測点を増やすことは簡単ではない。自分たちの調査地域の近くにアメダスの観測地点があれば、それを一つの観測地点として考え、できるだけ等間隔に観測地点が分布するように自分たち独自の観測地点を設置することができればベストである。

実際には、観測地点として望ましい場所に設置できるか、必要な機材、すなわち雨量計の数が揃っているのか、そして計測する手間を考えて無理のない計画を立てなければならない。

9.2 河川流量・湧出量測定

9.2.1 河川流量・湧出量測定とその重要性

河川環境を調べるときには、まず河川の流量と水質が重要となる。河川流量と水質は密接な関係を有している。水質、とくにその濃度は汚染・希釈・混合などの「結果」であり、したがって混じり合う水量の比率は無視できない。そこで、水質の形成過程を考えるためには、できるだけ精確に「流量」を把握し、水質（濃度）と流量の積を求め負荷量を算定して考えなければならない。

物質収支、物質循環、そして河川環境を科学的に扱うためには、特定の地点での水質測定だけでは不十分である。また、河川環境を考える上で流量も重要な意味をもっているが、その測定精度は必ずしも高くない。しかし、精度が低くとも流量の測定値がなければ水質測定の意義を半減させることにもなりかねない。

湧水は郊外や山の中にあるものだけではなく、市街地の湧水も我々にやすらぎを与えてくれる空間を提供している。それゆえ環境省の名水百選などに取り上げられている。なかには湧水量が少なくても選ばれているもの、また水質に

問題があるものもあると聞いている。「名水の基準」には感覚的な捉え方ではなく定量的かつ物理化学的な視点が必要不可欠である。

　湧水が湧き出る地点、湧出地点を湧泉とよぶ。大きな湧泉の周辺には複数の湧き出し口がみられることがあり、湧泉群を形成していることが少なくない。したがって、湧泉の湧出量として、代表的な湧出地点の湧出量を測定すればよいのか、あるいは周辺一帯から湧き出てきている湧出量の総量を求めるべきなのか、判断をしなければならない。結論から言えば、その地域の水収支を考えるのであれば、「周辺地域を含めた地域全体の湧出量」を、そして湧出量の季節変化などを目的に調べるときには「同一地点の湧出量」を毎回同じ手法で測定すればよいであろう。

9.2.2　流量・湧出量の測定法

　河川流量の測定は、比較的大きな河川では河川専用の流速計を用いることが多いが、小さな河川、渓流河川などでは「巻尺」「ストップウオッチ（ディジタルの腕時計でも可）」「折尺」を用いた方法で測定する。

　一般的な流量の測定法には、以下の3種類がある。

(i) 容積法

　湧水や渓流河川などの小さな水流においては、流水の全量をバケツなどの容器で受け止め、その容器への単位時間当たりの流入量を測定する（図9.4）。水流に段差のあるところ、あるいは段差を築いてバケツなどで水流を受け止めるなど、現場で臨機応変に工夫をする必要がある。段の下で、水をバケツ、あ

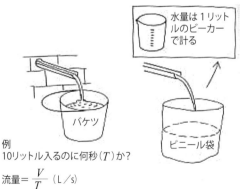

例
10リットル入るのに何秒（T）か？

流量 = $\dfrac{V}{T}$（L／s）

図9.4　バケツによる湧出量・流量の測定（新井 2003）

るいは袋に全て受け止める場合、一人が容器を移動させ、一人がストップウオッチで時間を計測するので最低二人は必要である。容器の中に受け止めた水の量（V）を測定時間（T）で割ったものが流量、あるいは湧出量となる。すな

わち流量あるいは湧出量 Q は

$$Q = V / T \qquad \cdots\cdots (式9.1)$$

となる。当然のことながら T が小さければ、誤差が大きくなり、V を大きくとろうとすれば作業が難しくなる。現場の足場の状態にもよるが、容器は 10 L ぐらいまで、ビニール袋の大きさは 5 ～ 10 L ぐらいが適当である。したがって湧出量などが数 L/s 程度の場合に用いる方法と考えてよい。

(ii) 希釈法

まず上流で特定の溶存物質（たとえば塩化物イオン）の濃度を測定する。次に既知の溶存物質濃度（一般的には高濃度のもの）の水を一定量、上流側で投入し、十分に混合した下流側地点で採水して濃度を測定し、計算で流量を算出する。上流の濃度と流量、下流の濃度と流量をそれぞれ C_u、Q_u、C_d、Q_d とし、投入した溶液の量と濃度を C_i、Q_i とすると

$$Q_u + Q_i = Q_d \qquad \cdots\cdots (式9.2)$$
$$C_u Q_u + C_i Q_i = C_d Q_d \qquad \cdots\cdots (式9.3)$$

の 2 式から容易に河川流量 Qu を求めることができる。簡便法として、電気伝導率が溶存成分の濃度に比例することを用いて、現場で電気伝導率計を用いて連続的に計測する方法もよく用いられる。図 12.5 のハイドログラフの分離もこの方法によって行われたものである。

(iii) 流積・流速法

流量観測を行うときには測定場所の選定が重要である。河道ができるだけ直線状になっている場所で、河床に凹凸が少なく、測定区間で流れが一様になっている場所を選ぶ。はじめに、流積（流れに直交する流水の断面積）の測定を行う（図 9.5）。具体的には、

① 流れに直交する方向に巻尺をはり、川幅を測定。

② 川幅を n 分割し、両岸を含めて $(n+1)$ 地点で水深を測定。（原則は $n = 10$ 程度であるが、川幅、河道、河床の状況に応じて分割数を適宜、増減する。左岸を基点として順次測線番号を付す。）

9 降水量・流量・蒸発散量の測定

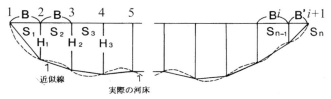

横断線に沿って幅 B 毎に水深を測る。面積は三角形，台形の式で計算する。
$$S_i = \frac{1}{2}B(H_i + H_{i-1})$$
以下同じように計算する。
最後の端数の川幅が B' になった場合には
$$S_i = \frac{1}{2}(B' + H_{i-1})$$
S_1 から S_n までを足し加えると全体の断面積が求められる。
式で書くと
$$S = \sum_{i=1}^{n} S_i$$

図 9.5　河川横断測量と断面積の計算方法（新井 2003 を一部改変）

③台形の面積を求める要領で断面積を算定。

次に流速の測定法について述べる。

(1) 流速計を用いる方法

　流速計には水流が羽に当たることによって生じる回転数をもとに流速を求めるもの（プライス型流速計）、回転する力で発電して得られる電流をもとに算定するもの（電気流速計）、超音波を用いるものなどがある（→ 6.3 参照）。

(2) 浮子法、浮子を用いる方法（図 9.6）

①上流と下流で河川を横断する測線を設定する。その間隔、流下距離は流速と現場の状況に応じて決めるが、できるだけ長い距離をとることが望ましい。

②まず、上流測線の少し上流で浮子を静かに水面に落とし、上流測線を通過してから下流測線を通過するまでの時間を計測、流下距離を所要時間で割り、

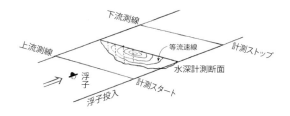

図 9.6　浮子を用いる方法（鈴木原図）

表面流速を求める。

③浮子（浮き）はある程度沈み、かつ頭が表面に出ていることが望ましい。

④次に、表面流速に河道の状況に応じて 0.6 ～ 0.85 を掛けて平均流速を求める。

⑤河道の状態が整っている場合、すなわちきれいな層流、等流状態にあるときには 0.8 ～ 0.85、河床の粗度が大きい場合には 0.6 から 0.7 程度とする。

⑥また、河道の中で流れの状態がいくつかに分かれているような場合には、その流れごとに浮きを流して測定する。

　なお、河川の断面を考えたときに、その断面を横切る流速は断面内の位置によって異なる（図 9.6）。一般に河川の平均流速は、水面から 6 割の水深の流速、あるいは 2 割水深と 8 割水深の流速の平均値をその断面の平均流速としている。河床に接したところでは遅くなり、また空気に接するところでは追い風か、向かい風かで影響の出方が異なる。したがって、無風の時間帯に計測を行うことが望ましい。

　実際の計測に当たっては目的、安全性、時間的余裕などを考慮して最善の方法で計測することが重要である。

・流量観測時の注意事項

　一般に河川の流量測定には、橋などの上から測定する場合と、川のなかに入って測定する場合がある。川のなかに入るときにはダム放流の有無や気象状況などを把握した上で、慎重に作業を行わなければならない。基本的に「安全の確保が全て！」である。

　川に入る場合には、

　　①川底にはガラス片や割れた礫などがあり、けがをする恐れがあるので、「裸足」は絶対に不可、古い運動靴、長靴などで入ること。

　　②川底が滑ることがあるので、要注意。

　　③流速が速い場合（毎秒 1 m 以上）、あるいは水深が膝よりも深い場合などには川に入らないこと。それよりも流速が遅くとも、また膝よりも浅くとも河床や流れ状況を注意深くみて無理をしないようにする。

　　④流量が急増することがある。短時間に効率よく作業を行う。

川に入らない場合には、
　①橋の上では、車両等の通行に十分注意。
　②作業中に物(車のキー、携帯電話、財布など)を川に落とさないように注意。

・水位・流量曲線（図 9.7）

　河川の流量を毎日、あるいは毎時測定することは、手間がかかり大変な作業となる。そこで流量と河川水位の間に一定の関係があると考えて、両者の関係を求めておき水位を観測して流量を求める方法がよく用いられている。一般に水位・流量曲線とよばれるもので、流量を Q、水位を H とすると放物線で近似され、次の形で表現される。

$$Q = aH^2 + bH + c \quad \text{あるいは} \quad Q = a(H + b)^2 \quad \cdots\cdots （式9.4）$$

　実際に河川で起きている現象をイメージしてほしい。河床が変わらないときには上記の経験式、グラフをそのまま用いることができる。しかし、比較的小さな粒径の土砂が堆積している河川では、流速が速くなると河床が削られるなど河川の断面積が変わることが考えられる。したがって、水位・流量曲線を作成するために行った観測とは異なった河川の状態が出現していることになるので、その曲線は役に立たない。用いた観測値の範囲、用いたデータが例えば水位 2.00 m から 4.00 m までの間であればその範囲内でのみ、水位から流量を推定、換算することができるということを頭に置いておくべきである。

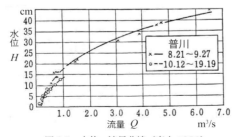

図 9.7　水位・流量曲線（高山 1986）

9.3 蒸発散量

・可能蒸発散量とは

　蒸発散量とは、土壌面や水面からの蒸発量、植物からの蒸散量を合わせたもので、いずれも液体の水が気体の水、すなわち水蒸気に変わって大気中に移動する水の量のことである。目には見えない水の動きではあるが、水収支を考える上では無視できない量である。実際の蒸発散量はその地域の気象状況のほか、それぞれの地域の土壌水分量などが効いてくるので、精確な計測は難しい。そこで、ここでは「可能蒸発散量」（→ 1.3 参照）を簡単な方法で推定することを考える。可能蒸発散量は圃場に「水が十分あたえれらたときの蒸発散量」である。ソーンスウエイトはアメリカ各地の圃場の最低要水量を蒸発散量とみて、月平均気温との関係を経験式として求めた。ここでは、この月平均気温と緯度のみから「可能蒸発散量」を推定するソーンスウエイト法を紹介する。

・ソーンスウエイト法による可能蒸発散量の算定

　可能蒸発散量を求めるために必要なデータはその地点の緯度、各月の月平均気温のみである。まず、各月の平均気温のデータを入手し、以下の手順で可能蒸発散量を算定する。

① 各月の月平均気温　T_i のデータを集め、$\sum(T_i)^{1.514}$ を求める（i は 1 から 12、ただし、T_i が負のときには加算しない）。この和を I とする。原典では

表 9.1　月平均気温が 26.5℃以上の場合の PE の値（新井 2004）

i℃	PE
26.5	135.0
27.0	139.5
27.5	143.7
28.0	147.8
28.5	151.7
29.0	155.4
29.5	158.9
30.0	162.1
30.5	165.2
31.0	168.0
31.5	170.7
32.0	173.1
32.5	175.3
33.0	177.2
33.5	179.0
34.0	180.5
34.5	181.8
35.0	182.9
35.5	183.7
36.0	184.3
36.5	184.7
37.0	184.9
37.5	185.0
38.0	185.0

表 9.2　ソースウエイト法の可能蒸発散量にかかわる日長効果の補正係数（新井 2004）

緯度	20 度	25 度	30 度	35 度	40 度	45 度	50 度
1 月	0.95	0.93	0.90	0.87	0.84	0.80	0.74
2 月	0.90	0.89	0.87	0.85	0.83	0.81	0.78
3 月	1.03	1.03	1.03	1.03	1.03	1.02	1.02
4 月	1.05	1.06	1.08	1.09	1.11	1.13	1.15
5 月	1.03	1.15	1.18	1.21	1.24	1.28	1.33
6 月	1.11	1.14	1.17	1.21	1.25	1.29	1.36
7 月	1.14	1.17	1.20	1.23	1.27	1.31	1.37
8 月	1.11	1.12	1.14	1.16	1.18	1.21	1.25
9 月	1.02	1.02	1.03	1.03	1.04	1.04	1.06
10 月	1.00	0.99	0.98	0.97	0.96	0.94	0.92
11 月	0.93	0.91	0.89	0.86	0.83	0.79	0.76
12 月	0.94	0.91	0.83	0.85	0.81	0.75	0.70

1.514 乗であるが、これを 1.5 乗として、T_i を 3 乗し平方根を求めて代用しても便宜的には構わないであろう。

②この I を用いて

$$a = （0.675\, I^3 － 77.1\, I^2 ＋ 17920\, I ＋492390）\times 10^{-6}$$

を求める。

③各月の可能蒸発散量 PE_i（補正前、単位は mm/month）を

$$PE_i = 16\,（10\, T_i / I）^a$$

として計算する（ただし、T_i が負のときには PE_i をゼロとする）。

月平均気温が 26.5 ℃以上の場合には、表 9.1 の数値を用いて比例配分で PE_i の値を求める。（月平均気温が 26.7 ℃であれば、26.5 ℃、135.0 mm と 27.0 ℃、139.5 mm の間で比例配分して値を計算する。）

④これに、緯度による補正係数、各月の日の長さによる補正係数（表 9.2）を乗じ、これを可能蒸発散量とする（北緯 37 度であれば 35 度と 40 度の値を用いて比例配分して計算する）。

文献

気象庁ホームページ　最新の気象データ　https://www.data.jma.go.jp/obd/stats/data/mdrr/index.html（2018 年 11 月 18 日閲覧）

日本気象協会アメダスデータ　アメダス実況データ　https://tenki.jp/amedas/precip.html（2018 年 11 月 18 日閲覧）

新井　正（2003）『水環境調査の基礎　改訂版』古今書院

新井　正（2004）『地域分析のための熱・水収支水文学』古今書院

高山茂美（1986）『河川地形』共立出版

---

9 章のキーポイント

1. 降水量は場所によって異なるので、必要に応じて自分たちで計測する。
2. 流量測定は時間がかかる作業ではあるが、流量はできるだけ測定すること。
3. ストップウオッチを用いて計測するときには、できるだけ計測時間を長くとって精度を上げること。
4. 川や湖などで作業するときには、安全の確保を第一に考える。
5. 地表面から大気中に戻る水の量、すなわち蒸発散量は意外に多い。

10 採水の方法

10.1 地表水の採水と採水容器

　調査地域の水環境を正しく把握するためには、現場での測定値（水温、pH、溶存酸素濃度など）、さらには水試料を室内に持ち帰って測定する化学分析データが必要となる。これらの水質データは調査地域の水環境を代表するものでなくてはならない。そして、水環境を代表する水質データを得るには、分析のもとになる水試料が調査地域の水環境を代表するものでなければならない。したがって、どれくらいの精度の水質データが要求されているのかといった調査の目的と意義を十分理解した上で、適切な機器・手順に基づいて、適切な場所から水試料の採取作業を行う。

　河川水の採取において、無降雨時の水環境を知りたい場合には、降雨のあと数日から1週間程度おいてから作業を行う。流域の大きさ、地質や地形、また総雨量や雨の強度などによってこの期間は異なるが、少なくとも川の水に濁りがある間の作業は控える。一方、出水時の水環境に興味がある場合には、1時間間隔、6時間間隔など、調査目的にあわせて採水のタイミングを設定する。

　水試料は流心（河川の水流の横断面において流速が最大となる部分）で採取するのが原則である。しかし、よほどの厳密さを必要とする調査をのぞけば、目視で流れの最も速い部分を見分け、その表層水を採水する。流速が遅く、水深が膝以下の浅い河川では、注意しながら川の中心部まで進み、採水容器を水中に沈めて直接水試料を採取する。流速が速く、水深の大きい河川では、安全のため直接川に入るのは控える。橋の上からロープで吊るしたバケツを降ろして水試料を採取し、採水容器に移し替える。軽いプラスチック製のバケツは水中に沈まないので、自重のある釣り用の "バッカン" を使うとよい。採取にあたっては、岸の近くの水の流れが弱い部分、あるいはよどんでいる部分での採水は避ける。また、支流や排水などの合流によって水質の不均一なことが予想される場合には、現場で水温、pH、電気伝導率などを測定し、均質性を確かめてから採水地点を決める（→ 7.5 参照）。

採水には耐久性のあるポリエチレン製の容器（通称ポリビン）を使う（図10.1）。各種容積のものが市販されており、50～100 mL程度の小型のポリビンなら100円以下と安価である。ポリビンには広口と細口があるが、広口のほうが作業効率がよい。最近は中蓋のないタイプのポリビンも出回っており、これを使うと中蓋の開閉の手間が省けるため、さらに効率よく作業を行うことができる。ポリビンの形には角と丸があるが、最密充填が可能な角形のほうが運搬する際は便利である。ポリビンの準備が間にあわないときには、ミネラルウォーターが入っていたペットボトルも利用できる。ここで注意すべきこととしては、ポリビンは水試料中の重金属類を吸着する傾向があるため、重金属類の分析を目的としている場合には、硝酸または塩酸を添加して重金属類の内壁面への吸着を防止する。また、ポリビンは通気性、透光性があるため微生物や藻類が繁殖しやすいので、ポリビンに入れたままの水試料の長期間保存には注意が必要である。

図10.1　いろいろな種類（50～500 mL）のポリビン（前列左端を除く）。前列左端はテクノボトル（→ 10.3参照）

透明のガラス容器（バイアル瓶など）を採水容器として使うことも可能である。中の水試料の状態を肉眼で確認できるなどの利点もあるが、運搬時に破損する危険性があることや、材質によってはナトリウム、シリカ、ホウ素、また一部の重金属が溶出する可能性もあるので、調査目的にあわせて使用の是非を検討する。

水試料を採取する際の手順としては、

① まず採水容器（ポリビン）の胴の部分にサンプル番号、地点名、採水日時、採水者の氏名などを記入する。

② 容器の半分くらいまで水試料を入れ、蓋をしたうえで内部をよくすすぐ

("共洗い")。この作業を3回以上繰り返す。

③　共洗いした水を捨て、改めて容器の口までいっぱいに水を入れる。

④　蓋をする。

⑤　容器内に気泡が残っているかどうか確認する。容器全体を逆さにすると気泡の有無がよくわかる。

⑥　気泡が残っていたら、再び蓋を開けて水をつぎ足す。気泡がなくなるまでこの作業を繰り返す。

⑦　最後に蓋をきつくしめ、保冷剤入りのクーラーバッグに入れる。運搬時の蓋の緩みによる水漏れを防ぐため、蓋の周りにビニールテープを巻いておく。

⑧　10℃以下の温度（冷蔵）で実験室に搬送する。通常の水質項目についてはあまり急ぐ必要はないが、BOD、COD、アンモニアなどの分析項目についてはすみやかに処理する。

　採水量は分析項目によって決まってくる。蒸発残留物や懸濁物質の定量では1 Lくらいのサンプルが必要となる。水の滞留時間（年代）を決定するためのトリチウム濃度の測定には1～2 Lの試料を採取するのが一般的である。また、BODでも1 L以上必要であるが、それ以外の化学分析であれば全部で100 mLもあれば十分である（新井 2003）。簡易水質試験キットを用いる場合であっても、より高精度の分析データが得られるイオンクロマトグラフ（一般水質7成分；ナトリウム、カリウム、カルシウム、マグネシウム、塩化物、硝酸、硫酸の各イオン）やICP発光分光分析装置（各種重金属類）を使用する場合であっても、100 mLくらいの水試料があれば基本的にすべての項目の測定が可能である。ただ、測定中に誤って採水容器を倒してしまい、貴重な水試料を失うミスなども起こりうるので、1地点あたり100 mL試料を2本採水しておくなどの自衛策をとるとよい。なお、保健所などに大腸菌類などの細菌検査を含む水質検査を依頼するときには、採水にあたっての特別な注意事項があるので、採水量、方法ともその指示に従う。

　湖沼水の採水方法・容器、手順も基本的には河川水の場合と同じである。ただ、湖沼（の中心部）に直接入る、あるいは橋の上からといった形での採水は不可能な場合がほとんどである。さらに、深さ方向の水試料の採取が必要となるケースも多い。したがって、ボートを使って湖面を進み、調査地点において

バンドーン採水器やハイロート採水器などを用いて複数人で時間をかけて採水を行うことになる。このように、湖沼水の採水にあたっては使用する機器や採水手順、また安全面において河川水の場合と異なる点もあるので、その詳細については14章を参照のこと。

10.2　地下水・井戸水の採水

　家庭用の手掘りの開放井戸（直径が1m程度で水面が上から目視できる昔ながらの浅井戸；いわゆる"コガ井戸"）であれば、ロープで吊るしたバケツを降ろして直接井戸水を採取することができる（図10.2）。ガラス瓶（たとえば、牛乳瓶）は自重で水中に沈むため、この手の採取には昔からよく使用されてきた。しかし、井戸壁に当たって瓶が破損し、ガラス片が井戸内部に落下するなどの危険があるので、ガラス瓶の使用は極力避ける。井戸の所有者に不安をあたえないやり方で採水する。

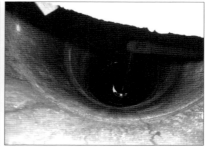

図10.2　コガ井戸の外観（左図）とその内部（右図）（安原撮影）

　最近では開放井戸であってもコンクリートの蓋がしてあったり、また細い鉄管を打ち込んだだけの"打ち込み式井戸"が多くなっている。このような形状の井戸の場合には水試料を直接採取できないので、電動ポンプでくみ上げた水を蛇口から採水する。蛇口からの採水にあたっては、パイプの中に残っていた古い水を完全に排水してから分析用の水試料を採取するように注意する。水温を連続測定し、蛇口からでてくる水の水温が安定した時点を水試料採取の目安にする。手押しポンプが設置されている井戸でも同じである。いずれにしても、

最低でも数分間は水を流しっぱなしにする必要がある。この時、井戸の所有者が不必要に水をくみ上げているのではないかと不安に感じたりすることもあるので、事前に丁寧に説明しておく。地下水の採水容器や採水の手順は地表水の場合と同じである（→ 10.1 参照）。

家庭によっては蛇口と井戸本体が離れて設置されていることもある。このようなときには、蛇口から出てくる水が本当に井戸水かどうかを確認する必要がある。とくに都市部では井戸水を使用する機会が減っているので、井戸の所有者も関心が薄れて記憶もあいまいになっている。このため、家人から井戸水と言われて蛇口から採水したものが実は水道水であったという場合もある。蛇口をひねったときにポンプのモーター音がするかどうか、水温が冬は暖かく、夏は冷たく感じるかどうかで井戸水と水道水を区別することができる。さらに心配なら、簡易水質測定キットを用いて残留塩素の有無をチェックする。

井戸から蛇口まで直接水を引いている場合には上のような方法で調査ができるが、家庭によっては途中で貯水タンクを通しているケースもある。このようなときには所有者にバイパス栓を開けてもらい、貯水タンクに入る前の水を採水する。貯水タンクに一度溜まった水では、水温や溶存酸素濃度といった現場測定結果が無意味であるばかりでなく、室内分析用に採取した水試料も原水の水質を正確に反映していないことが多い。

家庭用のコガ井戸や打ち込み式井戸であっても、10 m〜数十 m とそれなりの深さがある場合がある。このような井戸で異なる深度から水試料の採取を行うことができれば、深さによる地下水の水質の違いという貴重なデータを得ることができる。しかし、バケツでは表面の水しか採取できないので、口径が 1 m くらいあるコガ井戸なら、湖沼調査で使用するハイロート採水器を使用する。大口径の井戸ならこれで特定の深さの地下水を採水することができる。一方、井戸の口径が 10 cm 程度しかない打ち込み式井戸では、筒型の採水器である“ベイラー”を用いる（図 10.3）。直径 4 cm、長さ 60 cm、容積 400 mL 程度のベイラーなら 4 万円程度で購入することができる。水質に影響を与えない材質でできた簡単な構造の採水器であるが、一台あれば井戸水の採水以外にもいろいろなシーンでなにかと役に立つ。このような深さ方向の水試料の採取の際には、井戸のなかに設置してある水中ポンプ本体や電源ケーブル、またパイ

図 10.3　特定の深さの地下水の採水に用いる採水器 " ベイラー "
（アズワン 3036-25、アクリル 400 型）

プに、採水機器を吊るすロープを絡ませないように注意する。とくに口径が小さい打ち込み式井戸では、水中ポンプ等を一度引きあげて管内をクリヤーにした状態で作業を行うことが望ましい。いずれにしても時間がかかる大がかりな調査となるので、井戸の所有者の理解と協力が不可欠である。

10.3　特殊な採水法

　通常の化学分析項目であれば、ポリエチレン製の採水容器（ポリビン）に水試料を採取して実験室に持ち帰ればよい。しかし、特別な容器に特殊な方法によって水試料を採取しなくてはならない場合もある。たとえば、炭素安定同位体（^{13}C）の測定用の水試料の採取では、二酸化炭素の透過度がポリエチレンより低いポリアクリロニトリル製樹脂でできたテクノボトル（PAN Techno Bottle）を使用する（図 10.1 の前列左端）。溶存二酸化炭素が容器の壁を通じて外の大気と同位体交換するのを避けるためである。テクノボトルはポリビンより多少高価である。テクノボトルへの採水法は通常の化学分析項目用のそれと変わらない。地下水中に溶解した希ガス（ヘリウム、アルゴン、ネオンなど）

図 10.4　希ガス分析用水試料の採取に用いる銅管とクランプ付き U 字型ガイド

を定量する際には、ガスバリアー性がとくに高い銅管（図 10.4）に水試料を採取する。銅管の容積は 10 mL 程度であり、両側をクランプで圧着密封する。この銅管中の水に溶解している微量の希ガスを実験室で抽出し、希ガス濃度や同位体組成を測定する。銅管への採水作業時には、可能な限り空気と触れさせない状態で地下水を採水する必要がある。銅管につないだチューブの一端を蛇口に接続して通水しながら、気泡が入っていないことを確認したうえでクランプで両端を圧着密封する。

　現在、これらの測定項目はまだ一般的なものとは言えないが、地下水の起源、涵養時の気温、滞留時間などについて重要な情報を与えてくれるので、調査目的によっては専門機関に測定を依頼することも検討する。また最近、地下水中のフロン類（CFCs：クロロフルオロカーボン）の濃度に基づいて、滞留時間が 50 年程度未満の若い地下水の年代を求める方法が広く用いられるようになってきた。水試料の採取にあたっては、地下水中にパイプを挿入し、ローラーポンプを用いて空気と接しないように一連の作業を行う。採水に使用する機材、採水容器、チューブにいたるまで、フロン類フリーであることが確認されている材質（ステンレス、アルミ、ガラス、ナイロン）でできているものを使用する。

文献
新井　正（2003）『水環境調査の基礎　改訂版』古今書院

---

10 章のキーポイント

1. 調査目的に合わせ、水体の適切な場所や深度から適切な時間に水試料を採取。
2. 分析項目に合わせ、適切な材質、大きさ、形状の採水容器を選択。
3. 適切な採水法に基づき、適切な手順で手際よく水試料を採取。

11 降水と蒸発散を調べる実践例

11.1 流域への降水量と降水の水質の調査

　流域の水収支、あるいは流出解析のための基礎データとして降水量が必要になる。その入手にあたってはアメダスなどの気象官署のデータを用いることもあるが、比較的小さな流域を対象とする場合には自分たちで観測をしなければならない（→ 9.1 参照）。地域の水資源、水収支などを知るためには、降水の実態を把握することが重要であり、したがって降水の観測は不可欠なものとなる。

　まず、一定期間の降水によって、どれだけの水が流域にもたらされ、河川を流れ下り、流域外に出て行くかを調べることを考えてみる。

　流域全体の降水量、そして河川に流れ出てくる水量を考えるときには、一定期間の降水量、たとえば月降水量や年降水量、あるいは一雨の降水量を計測し、流域内の平均降水量を求める必要がある。そして平均降水量に流域面積を乗ずれば、流域全体の降水量の総量が求まり、その一部が河川を経由して流出することになる。平均降水量を求める方法としては前述の 3 つの方法（→ 9.1.2 参照）により面積雨量を求め、それを流域面積で割って求める。

　次に、降水の水質の測定について考えてみる。降水のもともとの水質は基本的に蒸留水と同じであると考えるべきであるが、凝結核の影響を受けるほか、落下中に空気中に浮遊する汚れを取り込んでくるために、いろいろな化学成分を含むことになる。たとえば、きれいな大気であっても大気中の二酸化炭素を溶かして若干の炭酸を含むことになり、大気中を通過してきた降水の pH は弱酸性で 5.6 程度になる。しかし、降水は河川水や湧水と比べると一般的に溶存成分は少なく、電気伝導率も小さい。

　降水の水質も河川水などと同様に負荷量（水量×濃度）として考える必要があるので、目的に応じて水質だけではなく降水量も合わせて観測を行う必要がある。

・採水と計測

　降水そのものの水質を測定するためには、落下してきた水そのものを採水、

計測する必要がある。しかし、簡単な採水器の場合には乾性降下物が付着、降水とともにサンプルに取り込んでしまう可能性がある。したがって、採水器は降水の直前に洗浄した状態にして設置、降水直後に回収する必要がある。実際には、降水の直前に採水器を設置することもできないので、無降水時の乾性降下物が付着することになる。それが降水に溶けて水質に影響を及ぼすこともあるので、こまめに設置回収を繰り返す必要がある。以前は降水開始から時々刻々と変化する水質の変化を計測するために、降り始めから一定量を順次採水する安価な機器（レインゴーランド、堀場製作所）が市販されていたが、2018年7月現在、販売されていない。

ここではロートとポリビンを用いた簡単な採水装置を用いた例を紹介する（図 11.1）。

図 11.1 ロートとポリビンを用いた採水装置

その採水装置は5L（リットル）の細口ポリ瓶の口にロート（径が大きいほうが採水効率が高い。図 11.1 のものは直径 17 cm）をつけ、ロートの上にピンポン球をおいたものであり、降雨がないときには容器内の水が蒸発しないように工夫したものである。この方法では、採水開始時点から採水終了時点までの降水量と降水時の乾性降下物の影響を受けた水質を計測することになる。適当な間隔で採水作業を行わなければならないが、降水の pH、あるいは水質を測定するのにはある程度の「量」が必要である。降水量が「一定量」に達するまで貯水した時点以降に採取する必要がある。

降水が大気中の汚れを洗い流すという現象の性格を考えると、降り始めの電気伝導率は高くなり、一般に pH は低くなる。また、降水量が少ないときには、大気中に放出された酸性物質の影響で、溶存成分濃度が高くなることが予想される。採水はできるだけ頻繁に行えばよいが、採水作業ができる時間が制約されている場合、必要な時刻に作業者を現場に派遣できない場合には、その制約の枠の中で採水作業を行う。

ここでは前述の簡易型の採水装置を用いた酸性雨の観測例を事例として取り上げる。

・酸性雨の定点観測

雨水の採取は不定期、不規則な間隔ではあるものの、できるだけ降水の直後に採水するように努めた。降水を採取した後には別の新しいポリビンを設置したが、その後の降水開始までの乾性降下物の影響は取り除けなかった。しかし、河川流出におよぼす水質や流域の酸性化を考える場合にはさほど問題にならないものと考えた。

筑波大学構内に簡易型の採水装置を設置、空いている時間を利用して降水を採水し降水量、pHおよび水質の測定を行った。場所は大学のほぼ中央部にある芝生の上で、期間は1990年7月から11月までである。採水地点は大学中央をほぼ東西に横切る県道の北、約30 mの地点である。採水はできるだけ一雨ごとに行った。合計29回の降水について、降水量（降水高）とpHの関係を示したものが次の図11.2である。測定結果を見ると雨ごとのpHの変化はきわめて大きく変化し、最小4.41、最大7.10であった。水素イオン濃度でみるとその最大値は最小値の約500倍となっている。

酸性雨については、ヨーロッパにおいて研究が進み、湖沼や土壌の酸性化などが大きな問題となり、関連する研究もいろいろと行われてきた。また国内においても数多く

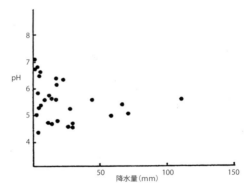

図11.2 筑波大学構内で観測された降水量のpHと降水高の関係（鈴木原図）

の研究が行われてきた。ここで用いたような簡単な採水装置（ロートとポリビンを組み合わせたもの）を用いたものであっても、地表水の水質などに与える降水の影響を考える基礎的な資料となる。

11.2　蒸発散量の推定

ある地域の水収支を考えるとき、水収支の算定の単位となる地域、すなわち流域を設定しなければならない（→ 2.1 参照）。流域への降水量の調査方法は前節において述べたが、次に蒸発散量について述べる。

・蒸発散量の推定と水収支計算

すでに述べた（→ 9.3.2 ～ 9.3.3 参照）ように、土壌面や水面からの蒸発量と植物から大気中に放出される蒸散量を合わせて蒸発散量という。実際の蒸発散量、すなわち実蒸発散量を精確に測定するには現地でライシメーターなどの測定装置を設けるか、あるいは精密な気象観測を行わなければならない。一般的な蒸発散量、すなわち地表面から大気中に戻っていく水量をおおまかに推定する方法として、可能蒸発散量から求める方法がよく用いられている。その代表的な方法としてソーンスウエイト法がある。可能蒸発散量は「その地域の地表面が密に植生で覆われ、十分な水が供給されている場合に生じる蒸発量」として定義される。

具体的に地域の水収支環境を単純化して考えることとし、ここでは高松のデータを例に取り上げてみることにする（表 11.1）。この地域の土壌中の水分保有量の上限値をソーンスウエイトが仮定した 100 mm とし、1 月初めの水分保有量をその上限値とする。水不足の起きていない時期には土壌中の水分保有量が上限値になっているとし、その月を計算の起点とする。1 月は降水量（P）が 13 mm で可能蒸発散量（PE：緯度による補正済みのもの）が 6 mm であるので、実蒸発散量（E）はそのまま 6 mm、したがって水収支を考えると（100

表 11.1　ソーンスウエイト法による高松における水収支（1994 年、新井 2004）

1994 年	1 月	2 月	3 月	4 月	5 月	6 月	7 月	8 月	9 月	10 月	11 月	12 月	計
月平均気温 ℃	5.3	5.9	7.8	15.7	20.2	23.4	29.6	29.6	25.1	19.3	13.8	8.9	
可能蒸発散量 PE mm	6	7	14	55	97	128	202	192	125	72	35	15	948
降水量 P mm	13	58	32	65	79	89	59	26	237	70	25	45	798
土中水分の変化 mm	0	0	0	0	-18	-39	-43	0	100	-2	10	12	
土中水分保有量 mm	100	100	100	100	82	43	0	0	100	98	88	100	
実蒸発散量 E mm	6	7	14	55	97	128	102	26	125	72	35	15	682
水分不足 mm	0	0	0	0	0	0	100	166	0	0	0	0	266
水分過剰 mm	7	51	18	10	0	0	0	0	12	0	0	18	116

注）可能蒸発散量は日長係数で補正した値

mm ＋ 13 mm － 6 mm）が残るが、土中の水分保有量の上限は 100 mm であるので、7 mm が水分過剰として流出する。同様に 2 月は降水量が 58 mm、可能蒸発散量が 7 mm で、したがって実蒸発散量も 7 mm となり、51 mm が水分過剰として流出すると考える。この作業によって、地域の水収支の季節変化の特徴を把握することができるとともに、おおまかな実蒸発散量の変化を推定することができる。その月の水分保有量が 100 mm を下回っていれば乾燥状態にあることを示している。地域の水不足、流出率などを勘案し、逆に水分保有量の上限値を変えて、より現実的な水分保有量を算定することもできるであろう。

　この作業は、大まかな水収支の変化を示すものではあるが、地域の水収支環境を知るための最初の作業として行っておくべきものである。

文献
新井　正（2004）『地域分析のための熱・水収支水文学』古今書院

---

11 章のキーポイント

1. 簡単な降水の採水装置であっても、それを用いた降水量、水質の測定は、地表水の水質などを考えるうえでは有効である。
2. 蒸発散現象は目には見えないが、降水量のうちのかなりの部分が地表面から失われていく。
3. 降水は多かれ少なかれ局地的な現象である。降水量の観測はできるだけ数多くの地点で行う。

12 川をみる ─水系網を描いて考える─

12.1 水系網を描いて考える

　河川の上流に降った雨は地表面の勾配に従って流れ下り、他の水流と合流して、より大きな水流を形成する。そのような水流を逆に下流から上流に遡っていくといくつもの水流が枝分かれされて、より小さな水流に分かれていく。その無数に存在する水流の最上流端は谷頭の源流地点となっている。水文学的にいえば、水系網は、流域という空間に降った降水を1か所に集めるシステム、集水システムということができる。

12.2 分水界の描き方

　たとえば、河川にかかる橋の下に流れてくる水が、降水として地表面に落ちてきた地点を考え、それらの地点の集合を「流域」という。そして逆にその流域に降った雨は、その橋、すなわち流域の出口に流れて出てくる。一つの流域と隣接する他の流域の境を「分水界」とよぶ。分水界の外側に降った雨は別の河川の流域に流出する。

　流域は水収支の単位となるものであり、水文循環系の一つの「サブシステム」を構成するものである。具体例の一つとして、図12.1に2万5千分の1の地形図「中禅寺湖」図幅中のX地点を出口とする流域の分水界を描いたものを示した。

・水系網を描く意義

　通常、2万5千分の1の地形図の上で水系図（水系網図）を作成するときには、等高線が少しでも上流側に屈曲している場合には水流をそこまで伸ばし、水線記号を延長する。水系網の具体例として図12.1にX地点を出口とする流域内の水系網を示す。

　水系網を描くことは、野外調査の準備の段階で地域、流域の地形の概要を知る手軽な方法の一つでもあるので、野外調査に出かける前に必ず作成しておくとよい。作成することによって湧水地点の存在などについての情報を事前に読

12 川をみる —水系網を描いて考える—

図 12.1　水系網の例（国土地理院発行 2 万 5 千分の 1 の地形図「中禅寺湖」に加筆）

み取ることができる場合がある。
　時間がかかる作業であるが、流域全体の水系図を描くことにより、谷の入り方とその地形情報などさまざまな現地の情報を得ることができる。さまざまな水系網の形状の例を図 12.2 に示す。流域内の水系の形状には何らかの原因があるはずである。たとえば、谷の入りやすい地質構造、断層活動の痕跡、破砕帯の存在などの影響を受けている可能性がある。同時に水系網は降水の集水

効率などを示すものであり、たとえば火山地域や乾燥地域などでは「地表水の流出」が少なく、水系が発達しにくいことが考えられる。その一例として九州の阿蘇火山周辺の水系網（島野、1988）を紹介する（図12.3）。阿蘇のカルデラの形状を反映した水系の入り方をしているとともに、火山山麓に発達した無数の谷が入り組んでいる。そのなかで、山麓

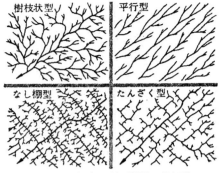

図12.2 水系図（水系模様の基本型）
（高山 1974）

の西麓部に水系が発達していない地域の存在がはっきりとわかる。阿蘇の西麓台地は比較的透水性の良い、比較的新しい火山噴出物で覆われ、降水のほとんどが地下に浸透するために表面流出が発生しにくい。そのために水系が発達していないものと考えることができる。

　次に、かなり大雑把な水系を「地図帳」のなかのアフリカの地図から抜き出

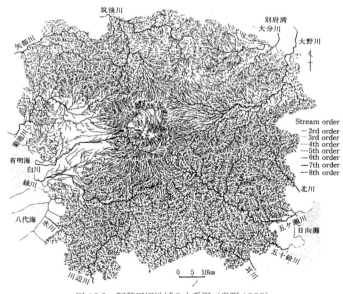

図12.3 阿蘇周辺地域の水系網（島野 1988）

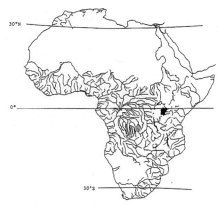

図 12.4 アフリカの水系図（鈴木原図）

した例を紹介する（図 12.4）。

赤道付近では密に水系が発達している反面、中緯度地域には水系の全くみられない地域が存在していることがわかる。これは雨の供給、すなわち熱帯雨林が発達している赤道付近では蒸発量を上回る降水が供給されているために、降水が河川を形成して流出していることを示している。一方で中緯度のサハラ砂漠などの地域では降水がゼロ、あるいはきわめて少なく、川を作って水が流れ出る状況にないことがわかる。そして、アフリカ東部にはいくつかの湖が散見され、大地溝帯に発達した水系や湖沼も確認される。

地球規模、あるいは日本全体を見る視点から考えたときには、「水系網図」を作成することによって、その地域の水の存在量、流れの大まかな特徴、水にかかわる環境の一端を知ることができる。

水系網の枝分かれの構造を解析すれば「ホートンの水流に関する諸法則」（水流の数の法則、水流の長さの法則、水流の勾配の法則、水流の面積の法則）に関わる基礎的な情報が得られる。一見すると規則性のないような谷の入り方ではあるが、そのなかに規則性が存在している、興味深い世界がそこにはある。

12.3　河川流出と水質

図 12.5 は、小さな河川の流量と水質（電気伝導率）を観測し、その結果を用いて、河川水のうちの比較的古い降水と新しい降水の割合を分離したものである。古い水は長い時間、地下に滞留して溶存成分を多く含む水（地下水など）、新しい水は降水がそのまま地表面を流下して流れ出てきた水である。ここでは、2.4 で述べた 3 成分に分離する方法を簡略化し、新しい水（降水）と古い水の 2 成分を分離したものである。降水量の変化と古い水（地下水）の流出に影響を与える周辺地域の地下水面の高さを観測し、あわせて図中に示している。こ

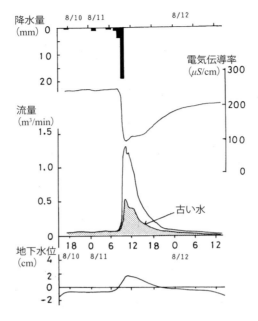

図12.5 水路のハイドログラフの例
（千葉県佐原市内、谷津の谷の降雨流出、1993年、坂本による）（新井2003）

の図から、少なくともこの地域では降水が河川に速やかに流出し、地下水などの古い水も地下水面の変化に応じて速やかに流出していることがわかる。

文献
高山茂美（1974）『河川地形』 共立出版
島野安雄（1988）阿蘇山周辺地域における水系網解析 ハイドロロジー 18
新井 正（2003）『水環境調査の基礎 改訂版』古今書院

```
┌─────────────────────────────────────────┐
│           12章のキーポイント             │
│                                         │
│ 1. 流域は水循環システムの一つのサブシステムである。│
│ 2. 水系網は、地表にもたらされた降水の排水システムである。│
│ 3. 水系網を描くことによって、現地に行く前に現場の状態を推測する材料が│
│    得られる。                           │
└─────────────────────────────────────────┘
```

13 都市のなかの川をみる

13.1 都市の川、桜かコンクリートか

　都市河川と聞くと、いったいどんなイメージを思い浮かべるだろうか。たとえば、東京都小平市に源を発する石神井川は武蔵野台地を東流し、練馬区、板橋区、北区を通過して最後は隅田川に注ぐ。この総延長 25 km の典型的な都市河川である石神井川の両岸は上流から下流に至るまでコンクリートで固められ、家屋やビルが河岸まで迫り、無機的・画一的な風景が続いている。下流部にあたる都区部ではコンクリート製の側壁護岸の高さが 10 m 近いところまであり、道路のはるか下を川が流れている。

　一方で、両岸には桜が植えられ、ところどころに親水公園も設けられている。また、それなりの流量が維持され、可能な限り川底に土を残して自然河床とし、生物の多様な生息・生育環境を作り出す工夫もされている。河川管理者によるこのような努力は確かに単調な景観にアクセントを与えてはいるが、それでも川の音を聞きながら、自然を楽しみながら都市河川に沿って上流から下流まで歩いてみよう、という気にはなれない人も多いのではなかろうか。

13.2 河川の汚染と下水道整備

　このような現在の都市河川であるが、では昔はどうだったのだろうか。新井（2003）は井伏鱒二の「荻窪風土記」の内容に基づき、石神井川と同じく武蔵野台地を流れる善福寺川では、1928 年から 1930 年の間に激しい汚染が始まったとしている。この時期は東京の西郊の都市化が進んだ時代と一致する。川の汚染は、主に周辺に立ち並んだ民家から家庭雑排水が垂れ流されたためである。逆に言えば、東京の河川といえども、それまでは、「知らないものは川の水を飲むかもしれなかった。川堤は平らで田圃のなかに続く平凡な草堤だが、いつも水量が川幅いっぱいで」（井伏鱒二「荻窪風土記」、新潮文庫版、1987）とあるように、清浄な水が大量に流れ、水に容易にアクセスできる自然豊かな自然河岸の河川であった。

その後、第二次世界大戦をはさみ、1950年代後半から1970年代にかけてのいわゆる高度経済成長期に一層の都市化が進み、水害の防止を目的に河川の直線化とコンクリート護岸工事が推進された。さらに、都市化の進行（人口増加）に下水道の整備が追いつかなかったため、河川に排出される家庭雑排水の量が著しいものとなり、東京に限らず全国の都市の河川の多くは「ドブ川」と化した。この状態は下水道の整備が進むにつれて徐々に改善されていったが、それでも数十年前までは、両岸から突き出た塩ビパイプから家庭雑排水が川に向かって盛んに排出される光景が全国の都市でみられた。

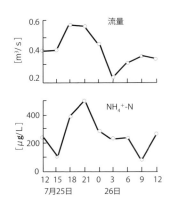

図 13.1 東京都南浅川における 1978年7月25日～26日の河川流量と水質の日変化（小倉 1980）

図 13.1 は、下水道が整備される以前の 1978 年 7 月における東京都八王子市の南浅川の河川流量とアンモニア態窒素濃度（NH_4^+-N；家庭雑排水に大量に含まれる）の日変化を示す。河川流量、汚染の指標であるアンモニア態窒素濃度ともに、人間活動を反映して夕方から 21 時頃にピークを迎える。反対に、住民が寝静まる深夜から明け方にかけて低い値をとる。当時は川の流れ（流量）も水質も家庭雑排水に支配されていた。東京都練馬区の石神井川の河川流量の経年変化を表した図 13.2 からは、下水道の普及とともに石神井川の流量が急激に減少していったことがわかる。家庭雑排水が河川に排出されなくなったためである。同時に、石神井川の河川水の水質も下水道の普及とともに改善されていった。

このような経緯を経て、現在のような都市河川の景観と水環境（コンクリート製の高い側壁護岸で両岸を画され、見た目には綺麗でそれなりの流量を有する流れ）がある。では、流域の下水道普及率が 100 ％に達し、家庭雑排水の流入がないにもかかわらず、東京を始めとする都市の河川に水が流れ続けているのはなぜだろうか。地下水を起源とする親水公園からの表流水の流入、あるいは違法な排水も多少あるかもしれない。また、都区部を流れる渋谷川、目黒川、呑川などのように、清流の復活と水循環・水環境の保全を目的に、下水の

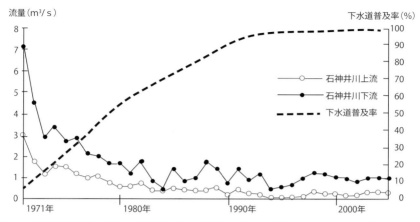

図 13.2　東京都練馬区における下水道普及率と石神井川の流量の経年変化（練馬区環境審議会資料）

高度処理水が放流されている場合もある。

13.3　地下水を呑む呑川

　しかし、現在の都市河川を流れている水は、上記のようなものだけに起源があるわけではない。結論から言うと、実は今でも大量の地下水が河川に流入し、流量の形成と維持に貢献している。一例として、東京都の呑川における最近の調査事例（藤岡ほか 2018）を紹介する。

　大田区を流れる呑川は、側壁と河床がコンクリートによって覆われた典型的な都市河川である。現在、「城南三河川清流復活事業」の一環として目黒区大岡山駅下流の工大橋において下水の高度処理水が放流されている。ちなみに、無降雨時には工大橋より上流の呑川には水流は存在しない。この呑川で 2015 年 7 月 28 日と同年 10 月 26 日のいずれも無降雨時に、工大橋から約 4 km 下流までの流路区間における地下水流入量を推定した。河床へのアクセスが不可能であるため、橋の上から河川水の採水を行い、工大橋における高度処理水の電気伝導率と 4 km 下流地点における河川水の電気伝導率の差に基づいて地下水流入量を算出した。地下水の電気伝導率は、呑川の河道近傍の地下水の平均値を用いた。計算の結果、この 4 km 下流地点の呑川の流量に占める地下水

図 13.3 側壁護岸（高さ 5.5 m 程度）の途中に設置された"湧水パイプ"（安原撮影）

の割合は、2015 年 7 月 28 日には約 20 %、同年 10 月 26 日には約 35% であった。すなわち、無降雨時の呑川の河川流量の形成には、実際には地下水が無視できない貢献をしている。

では、このような大量の地下水はどこから流入してくるのだろうか。まず、側壁のコンクリート護岸の途中には"湧水パイプ"が埋設されており、多くのパイプからは地下水が常に流出している（図 13.3）。また、いわゆる"湧水孔"とよばれるコンクリート打ちが行われていない河床部分が存在する（図 13.4）。さらに、無数の地点でコンクリートの継ぎ目から地下水が浸み出している（図 13.5）。これらのルートを通じて大量の地下水が常時呑川に流入している（図 13.6）。

図 13.6 のような現象はなにも呑川

図 13.4 河床に設けられた"湧水孔"（縦 1 m×横 2.5 m 程度）（安原撮影）

に限ったものではない。東京をはじめ全国の都市河川に広く認められる。武蔵野台地を流れる善福寺川の上流部も両岸はコンクリート護岸で固められているが、河床は武蔵野礫層の上部を掘り込んでいるため、河床を通じて大量の地下水流入があり、上流の寺分橋（9 L/s）と下流の界橋（155 L/s）の間で河川流量が急増している（新井 2003）。このように、現在の都市河川は一見すると、コンクリート製の箱型の水路の中を直線的にひたすら流下するだけの無機質で味気ない存在のように思えるが、周辺の地下水といろいろなルートを通じて絶えず交流しながら

図13.5 側壁護岸基部のコンクリートの継ぎ目から浸出する地下水（安原撮影）。ほとんどの場合、黄褐色の沈殿物を伴う

流れている。今でも流域の地下水と有機的につながり、都市の水循環・地下水循環の中で立派な役割を果たしている。ただ、目につきにくいだけである。このような側面をもっていることを知ると、一見味気ない都市河川もまた違った

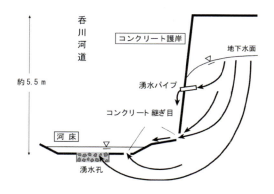

図13.6 呑川河道への地下水の浸出経路（安原原図）

見方で眺めることができるのではないだろうか。

13.4 都市河川の水質問題

　都市河川の今後を考える上で避けて通れない問題について、とくに水質面から述べておく。まず降雨時の河川水の水質問題である。先行的に下水道の整備を進めてきた東京や大阪などの日本の大都市では、多くが合流式下水道を採用している。このため、ちょっとした強い雨（東京では時間雨量 4-5 mm 程度）が降ると、下水道管渠や下水処理場の能力を超えるため、汚水が未処理のまま雨水といっしょに雨水吐口から河川に越流する。このことは、大腸菌や汚水中の夾雑物によって、都市河川ばかりでなく海洋の汚染にもつながる深刻な問題である。

　さらに、地下水そのものの水質の問題も重要である。下水道が先行的に整備された大都市では、現在の地下水の水質はよいものと考えられがちであるが、一概にそうとは言えない。下水漏水が多発しているのである。法定耐用年数50 年を超えるような下水道管が、現時点でもすでに大都市の中心部にはかなり存在する。たとえば、東京区部では総延長の 10% 強を占めている（東京都下水道局 HP）。このような法定耐用年数を超える下水道管は本来の機能を果たしていない場合も多く、管渠のつなぎ目や破損部から下水が漏出し、都市の地下水を汚染する原因となっている（安原ほか 2011）。今後、耐用年数を超える下水道管の管路延長は急増し、20 年後には都市部を中心に全国で総管路延長の約 28% に達する見込みである（全国上下水道コンサルタント協会資料）。これにともない、都市の地下水はさらに汚染され、ひいては地下水と水理学的につながっている河川水を汚してしまう恐れが大きい。これからの都市河川の水環境を保全する上で早急な対策が必要である。

文献
全国上下水道コンサルタント協会資料　下水道管理の劣化・老朽化対策への着手（2017 年度版）
　　（https://www.suikon.or.jp/seika/requirement-and-suggestion/2017/images/rs003-2_v2.pdf）
　　2018 年 8 月 2 日閲覧
東京都下水道局 HP　区内における主要施策 1
　　（https://www.gesui.metro.tokyo.jp/business/kankou/2016tokyo/07a/）　2018 年 8 月 2 日閲覧
練馬区環境審議会資料　河川流量と区部下水道普及率の推移
　　（https://www.cjty.nerima.tokyo.jp/kusei/kaigi/kankyo/kankyoshingikai/dai1ki/dai8/shidai.files/

mizube3.pdf）　2018 年 8 月 2 日閲覧

新井　正（2003）『水環境調査の基礎　改訂版』古今書院

藤岡敦史・安原正也・鈴木裕一・李　盛源・中村高志・森川徳敏（2018）都市河川の流量形成に果たす地下水の役割―東京都大田区呑川における事例―　日本地球惑星科学連合 2018 年大会

安原正也・稲村明彦・竹内美緒・鈴木　淳・林　武司・浅井和由・山本純之・鈴木秀和（2011）東京都・石神井川流域における浅層地下水中の硝酸イオン濃度の分布とその起源について　日本地球惑星科学連合 2011 年大会

小倉紀雄（1980）多摩川流域（南浅川）における物質循環とそれに及ぼす人間活動の影響　陸水学雑誌

井伏鱒二（1987）『荻窪風土記』（改版新潮文庫）新潮社

---

13 章のキーポイント

1. 家庭雑排水の流入の影響で、大都市の河川はかつてはドブ川状態。

2. 下水道整備の結果，現在のような水環境にまで改善。

3. コンクリート張りの都市河川でも周辺地下水との交流あり。

4. 合流式下水道からの越流，下水道管からの下水漏水による水質汚染に注意。

14 湖沼を調べる実践例

14.1 準備、目的と対象

・目的

　まず何を目的に湖沼を調べるのか明確にする必要がある。つまり調査の目的である。それによって対象とする湖沼を決める。また、対象が先に決まっている場合も多い。興味ある湖沼がどんな水質、水収支、特徴などであるかを知りたいときなどである。小さいころ行った湖であるとか、写真をみてぜひ詳しく知りたいという動機であることも少なくない。

・文献調査

　目的や対象の湖沼が決まったら、次はこれまでの研究報告などを調べる文献調査を行う。文献調査を通して、目的をより明確にする。文献は、学会等で発行している学術論文が最も望ましいが、ほかにも大学、研究所などの研究紀要、県や市町村の関係団体の調査報告書などさまざまな資料が公表されている。インターネットを利用した検索が便利であるが、データの信頼性に十分注意する必要がある。主な湖沼の平面形や深度は、国土地理院が発行する2万5千分の1地形図などに載っているほか、1万分の1の湖沼図も発行されている。

　文献調査によってすでに何が明らかになっているかがわかるので、さらに何を知りたいか、何を調査するかを決める。山間部にある小さな湖沼などでは、これまで学術的な調査が全く行われていないものも多い。そのときは、湖盆図の作成や集水域の決定など基本的な作業から行うことになる。調査の目的を決めたら、仮説を立てる、つまり調査結果の予測をすることが大切である。

14.2 調査計画

　調査日程は、目的や参加人数などによって決める。湖沼調査は危険なこともあるので、単独での調査はできるだけ避ける。とくにボートを用いての調査では、少なくともボートに乗る人2人と湖岸で待機する人が必要である。また、野外調査は天候に左右されるので、予備日を設けるなどゆとりある計画を立て

る。たとえば、小さく浅い湖で湖の中心（湖心）1か所で水温を測定し、採水をするだけならば1日ですむが、そのときも予備日を1日設けることが望ましい。なお、湖上ではトイレがないので、計画作成のときには配慮する。

　参加人数は、調査項目や調査内容によって決まる。参加者が多い場合は、それぞれの役割分担を明確にし、調査の進み具合で適宜修正する。また、現地への交通手段、たとえば配車内容についても決めておく。調査が複数日になる場合は、宿舎も決めなければならない。安価であることが望ましいが、夜のミーティングが可能であるとか、器材の管理場所の確保、入浴のことなどにも配慮する必要がある。

　小さな湖沼でもほとんどの場合、管理者がいる。山間部の小さな湖で周辺にだれも住んでいないような湖でも、国立公園や県立公園内であったりして管理されている。調査にあたっては、管理者などの許可や承認が必要で、管理者が複数のときはそれぞれに届け出をしなければならない。とくに、湖あるいはその周辺に観測機器を設置する場合は、必ず許可をとる。

14.3　器材の準備

　湖沼調査に必要な器材は、調査の目的や対象とする湖沼の大きさや深度などによって決まる。一般的な器材は図5.1および表5.2（→5.2参照）に示してあり、河川や地下水調査と共通するものもある。この中で必ず用意しなければならないものと、調査内容によってあまり必要としないものがある。

　とくに注意したいのは服装である。上着は夏でもできるだけ長袖のシャツなどを着る。湖上での日射はかなり強い。ズボンも短いものでないことが望ましい。帽子は必需品である。靴は運動靴か夏でも長靴がよい。ボートに乗るときに桟橋のようなものがあれば、運動靴でもかまわないが、ボートを湖内に押しながら乗る場合は水中に入るので長靴がよい。また、天候が急変することがあるので、雨具（カッパがよい）は必要である。透明のビニル袋があれば、器材が濡れるのを防げる。ボートに乗る人は全員、必ず救命胴衣（ライフジャケット）を着用する。万一水中に落ちた場合、体を打撲することもあるし、衣類が水を吸って自由がきかないこともある。また、夏の一時期を除いて水は冷たいので、どんなに泳ぎが得意でも必ず着用する。

14.4 出発と到着、観測前の心得

　調査に出発する前は、携行品リストを作成し、出発前に確認する。現地で調達できるものもあるが、調達できたとしてもそれだけ費用がかさむことになり、時間もムダである。携帯電話番号入りの参加者名簿を作っておくと便利だが、紛失に注意する。車で行く場合、任意保険への加入がある車を使用し、できるだけ所有者が運転するようにする。同乗者は、運転に差しさわりがあるようなことはしない。また、ゆとりをもって出発し、適宜休憩をとる。

　現地に到着後は、管理者などの関係者にあいさつし、調査計画や内容について説明する。計画を変更しなければならない場合は、参加者全員での情報共有が不可欠である。ボートを使用する場合、ゴムボートは使用方法や既定の空気圧を確認する。湖に備わっている観光用のボートなどを使用する場合は、管理者と使用方法や使用時間について打ち合わせる。環境調査などであれば無料で貸してもらえる場合もあるが、有料の場合は料金や使用時間を確認して後々トラブルにならないようにする（図14.1）。船外機など動力付きの船を使う場合は、湖によっては規制があるので事前に確認しておく。また、船外機の使用には一部を除き小型船舶操縦士免許が必要である。

図 14.1　ボートによる調査（新井 2003）

　観測時には、必ず救命胴衣（ライフジャケット）を着用し、曇りの時でも帽子の着用が望ましい。ボートの中では、できるだけ重心を低くし、ボートからの転落やボートの転覆を防ぐようにする。定点で長時間観測する場合には、アンカーを投入して流されないようにする。アンカーは、建築用コンクリートブロックなどをロープで結んだもので十分である。風がある場合は、シーアンカー（布製の袋やバケツなど）を船先から流して、横波を受けないようにする。風がやや強い場合は、ボートがあおられたり傾いたりするので、十分注意する。

風が強まると湖面に白波が立つようになる。そのときは、観測の途中であっても中止して速やかに岸に戻る。また、落雷にも十分注意する。船の取扱いはきわめて重要なので、熟練者の指導を受ける。ゴムボートや一般の手漕ぎボートなど、使用するボートに合わせてその取扱いをあらかじめ知っておく。なお、ゴムボートは傷がつきやすいので、できるだけ湖岸で膨らませる。やむを得ず離れたところで膨らまし湖まで運搬する場合は、とげのある木やとがった岩（火山地域などで注意）に触れないようにする。

　冬の観測は、とくに注意を要する。氷上で観測する場合、管理者などがいれば氷の状況についての詳しい話を聞く必要がある。見た目は変わらない氷でも、湖底湧水などにより氷が薄くなっていることもしばしばある。山間部などの誰もいない湖では細心の注意を払う。慎重に長い棒などで氷をたたきながら進む。必ず２人以上で行い、湖岸の見張り役も必要である。万一に備えて、ゴムボートを段ボールやビニールシートの上に乗せ、引いて行くくらいの慎重さがあってもいい。

　ボート内で取り扱うロープやコードは、もつれて絡まることが多い。ロープなどは、プラスチックのコンテナなどの箱に入れて置き、端から順に引き出し、戻すときはそのまま順に入れれば絡まりにくい。もし絡まってしまった場合は、輪になっているところから戻すと比較的簡単に元に戻る。コンテナは、観測器具や採取した水を入れたポリビンの運搬や保管にも活用できる。

14.5　観測、採水と測定
・観測に先立って　透明度と湖色
　日時、天気、気温、地点名、観測者などの基本情報を記録する。観測時では、ボートの中で下を向いて作業すると、船酔いしやすい。水温の観測や採水は、小さい湖では湖の中心（湖心）で行う。また、最深部が湖心より離れている場合は、湖心と最深部の２か所で観測することが望ましい。観測精度を上げたり、観測結果の代表性を確認するために複数の地点で観測する場合は、観測点の位置を特定する必要がある。簡単な方法は、船の上から湖周辺の目印となる山頂や湖岸の建築物、大木などをもとに決める（図 3.2）（→ 3.1 参照）。
　また、湖岸から２台のトランシット（測量機器）を用いて角度を測り、ボー

トの位置を決める方法もあるが、高価な機器が必要となる。最近では GPS の精度が上がっているのでそれを利用することもできる。

観測地点では、まずセッキーの円板（手製のものでも可）で透明度を測定する、次に水色計で湖色を決める（→ 3.1 参照）。

14.6　水温

水温は最も基本的な観測項目である。湖水の垂直的な動きや生物生産などを考察するときの有力な指標であり、夏の水温成層はその湖の性質を最もよく特徴づける。

表面水温だけ測定する場合は、温度計を直接水中に入れて値を読み取る。大き目のバケツなどで水をくみ上げてすばやく測ってもよい。しかし、湖の水温の特徴は垂直分布にあるので、深いところの水温測定が不可欠である。値が正確で信頼性があり、深いところまで測定できるのは、転倒温度計や電気式温度計である。転倒温度計は古くから使われてきた温度計で、デジタル式のものは精度や分解能に優れているが、測定したい深度で温度計を転倒させる必要がある。電気式温度計は高価であるが連続記録が取れる。最近は安価で手ごろなものが市販されている。

温度計には器差（器具による値の誤差）があるので、標準温度計を用いた校正を行う。最近では、器差が小さくなっているので、精度をそれほど要しない観測であれば、値をそのまま用いることもできる。また、温度計が安定するまでにやや時間がかかる（時定数）ことがあるので値が安定するまで待つ。

電気式温度計は、センサーと本体がコードでつながっているので、所定の深度の水温を測定するために、コードに目盛りをつける。水深計と一体になっている場合、目盛りは必要ないが、大きな区切りのところでつけておけば確認に使える。測定の垂直的な間隔は、一般には 1m ごとに測れば良いが、温度が急激に変化するような深度においては、測定間隔を短くする。温度計には記録装置に接続できるものも多い。自動記録する場合でも念のために適宜、値を確認し記録する。先端部が湖底に達すると手ごたえがあるので感知できる。同時にその地点の深度もわかるので、必ず記録する。

14.7 採水

　夏の水温成層期には、表層と深層の水質が大きく異なることが多い。湖面の採水だけしかできないような場合は、晩秋の循環期に観測することが望ましい。外国の湖沼調査などで、限られた時期に湖面の水を1回しか採水できないようなときは、代表性について十分配慮する必要がある。しかし、採水の機会は限られていることが多いので、のちにムダになってしまうとわかっていても、採水しておいたほうがいい。

　湖面の水を採取するだけでよい場合は、バケツなどを用いる。深いところの水を採取するときには、採水器が必要となる。採水器は、さまざまな種類や大きさのものが市販されている。主なものは、北原B式、バンドーン型などであるが、高価なものが多い（図14.2）。

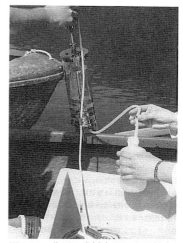

図14.2　北原B式採水器による採水（新井 2003）

　簡易の採水器としては、ビンやサイフォンを利用したものがある（図14.3）。簡易採水器でもうまく取扱えば、10mくらいの深さの水を採取できる。なお、ビンを利用した方法では、ビン内の空気と水がふれるのでpHや溶存酸素の正確な測定は難しい。

　また、適当な太さのビニールチューブにおもりをつけて湖の中に垂直に降ろし、チューブの一方の口からポンプ（一般の灯油ポンプなど）でチューブ内の水を吸い出せば、深いところの水が上がってきてボートの中で採取できる。

　採水深度を知るために、採水器をつるすロープに目盛りをつける必要がある。北原B式採水器などでは、採水器のふたを閉じるために、ロープを伝わらせてメッセンジャーという重りを投下する。そのためロープにビニールテープなどを巻けないので、油性のマジックインクでロープに直接目盛りをつける。水につかるとロープは伸びるので、あらかじめ十分水につけて伸ばした状態で目盛りをつける。一般に、間隔は1mおきで十分である。

　採取した水は、その場で水温、pH、電気伝導率などを測定する。水温は別

(1) ビンの利用

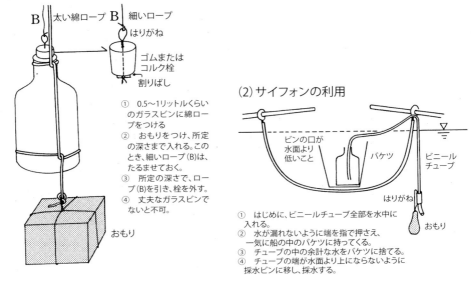

図14.3　簡単な採水方法（新井 2003）

途測定してあっても、採水した深度の確認などにつかえるので測る。また、採水後、処理が必要なもの、たとえば溶存酸素量、CODなどは速やかに処理する。簡易水質測定（パックテストなど）も時間の余裕があれば行う。採取した水は、一度ポリエチレン製のバケツなどに移してから採水ビンに詰めるようにすると作業効率がよいが、精度を要する場合や空気にふれないようにするには直接ビンに移す。水の保管は、一般的な水質分析ではポリエチレン製のビンで十分であるが、ビンいっぱいに水を入れ、中に空気が入らないようにすることが重要である。ビンには必ず測定年月日、時間、地点、深度などを記入する。ビンに入れた水はできるだけ低温で貯蔵し、速やかに分析する（→ 10.1 参照）。

14.8　湖流

　湖沼における水平的な流れの観測には、一般に湖流板を用いる。湖流板は自分で製作することが多い。図14.4のように、十字に組み合わせた板の下に重

14 湖沼を調べる実践例

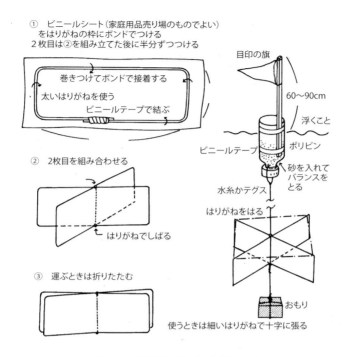

図 14.4　湖流板の作り方（新井 2003）

りをつけ、測定したい深度の長さで浮きにつなぐ。十字板には塩化ビニールの板を用いたり、太いはりがねで枠を作りそれにビニールシートを貼りつけて作る。浮きはポリエチレン製のビンがよい。おもりは適当な重さのものを選ぶが、浮きとバランスをとるのが難しい。うまくバランスが取れていないと、沈んだり傾いたりするので事前によくチェックする。浮きには追跡のために目印（旗など）をつけ、番号をつける。

　観測時には、浮きの番号、投入時刻、投入場所を記録する。また、風向や風速も調べて記録する。浮きの追跡方法は、小さい湖沼だと湖岸の２点から追跡する（図 3.1）（→ 3.1 参照）。また、大きい湖では GPS の利用も可能である。

14.9　長期観測

　長期観測には、１回の観測を季節ごとや毎月など、定期的に継続して行うも

のと、測定機器を湖沼に設置して一定の間隔で測定する連続観測がある。湖の温度や水質は季節によってかなり変化するので、できれば継続的に観測することが望ましい。連続観測について、水位、水温、基本的な水質などは測定機器が長期の観測に耐え、しかも精度も十分満足できるものになっている。また、データの記録装置もよいものが市販されてパソコンに直結できるようになっている。観測機器を一定の期間設置して連続記録をとるためには、注意しなければならない点がある。まず、管理者等への許可などが必要である。誰も行かないような山間部の湖沼においても同様で、逆に厳しく管理され、人工的な設備に制限がかかっていることも多い。また、いたずらされることも少なくないのでその防止策を講じる必要がある。機器を動かすための電源も確保しなければならない。さらに、機器を設置したあとの保守点検が必要であり、記録紙を用いる場合は、記録紙の交換が必要となる。

　長期観測には、さまざまな工夫と苦労をともなうが、得られたデータは貴重であり、オリジナリティに富むものである。

14.10　宿舎で

　観測結果は、その日のうちに整理しまとめておくことが大切である。一晩経つと忘れてしまうことも多い。また、まとめる段階でデータの不備に気づき、翌日観測を追加することもできる。確認したデータは、パソコンなどにデータを移して保存するとともに、紙媒体との併用が望ましい。かつては、散逸しないように清書していたが、現在はパソコンなどが使えるのでその手間はだいぶ省けている。

　できるだけ速やかに水質分析する必要がある項目、たとえばアルカリ度などは、その日のうちにすませることが望ましい。また、湖上ではできなかった簡易水質分析なども時間の許す限り行う。

　最後に、翌日の計画などを確認し、使用機器を再点検する。現地の郷土料理に舌鼓を打ちながら、その日の調査の状況や観測結果、湖沼を含めた水文環境などについて議論することは楽しく、そこから次のアイディアが浮かぶことも多い。

湖沼の調査は、ともすれば厳しくつらいことのほうが多い。しかし、調査や観測から得られた結果は、自分だけのものであり、しかも科学的に大変貴重なものである。湖や川の水面をみていると、ただ静かに眺めるだけで心が休まる気持ちになる。それはそれで貴重な時間であり何にも代えがたいものである。その一方で、湖のことをもっと知りたい、湖の中はどうなっているのだろうという気持ちがわいてくるのは、ごく自然のことである。湖の研究は少しずつ進歩してきているが、まだまだわからないことがたくさんあり、未知の世界が広がっている。

文献
新井　正（2003）『水環境調査の基礎　改訂版』古今書院

14章のキーポイント

1. 湖の調査では、無理のない計画を立てる。
2. ボートでは救命胴衣（ライフジャケット）を必ず着用する。
3. 透明度と水温は、必ず測定する。
4. 高価な採水器を使わなくても、採水できる。
5. 調査結果はその日のうちにまとめ、翌日や次回の調査に備える。

15 地下水を調べる

15.1 地下水調査の必要性

地球上の水は、河川水、湖沼水、地下水、土壌水、海水などさまざまな形態で存在している。その中でも、地下水は人類にとってもっとも重要な水資源である。

地球上に存在する水の総量は、1,385,984,500 km^3 程度と言われている。この値がどんな意味をもつかイメージしにくいと思うが、簡単に言うならば、縦 1,115 km × 横 1,115 km × 高さ 1,115 km 程度の水槽に入れられる水の量に匹敵する。この水槽の一辺の長さである 1,115 km は、おおよそ東京から韓国ソウルまでの距離（約 1,159 km）に等しい。また、別の例えでいうと、地球のすべての表面積（陸域＋海域の表面積：510,065,600 km^2）と同様の大きさの水槽を製作すると、その高さ（水深）は 2.717 km におよぶ。すなわち、地球全体が、水深が 2,717 m のプールになることを意味する。地球上にどれほど膨大な水が存在するのか理解できる。

次に、表 15.1 に地球上に存在する水の構成を示す。地球上の水の総量 1,385,984,500 km^3 のうち約 96.5% が海水である。この海水は、水産資源や生物多様性などの面では非常に貴重な存在であるが、人類の生活用水、工業用水、農業用水などとして利用することはむずかしい。塩水湖も同様である。氷河や永久凍結層地域の地下水も利用することはむずかしい。すなわち、人類が利用できる水資源の中で、その存在比がもっとも多いのが地下水である。その賦存量は淡水全体の 30.1% 程度である。このような理由で、地下水を理解し、その保全に繋げることは非常に重要である。ここでは、地下水を調べるにあたっての基礎的・実践的な調査内容を簡単に解説する。

15.2 井戸さがし

地下水調査では、同一流域の中で多くの地点を回りながら、井戸をさがし調査をする場合が多い。また、持主の井戸を借りて、採水する場合も多く、その

15 地下水を調べる

表 15.1 地球上の水の構成（国土交通省土地・水資源局水資源部 2006）

水の存在形態	区分 （合計・塩水・淡水）	量（km³）	全体の水の量に対 する割合（%）	全体の淡水の量に 対する割合（%）
海水	合計	1,338,000,000	96.538	
地下水	合計	23,400,000	1.688	30.061
	塩水	12,870,000	0.929	
	淡水	10,530,000	0.760	
土壌水	淡水	16,500	0.001	0.047
氷河など	淡水	24,064,000	1.736	68.697
永久凍結層地域 の地下の氷	淡水	300,000	0.022	0.856
湖沼	合計	176,400	0.013	0.26
	塩水	85,400	0.006	
	淡水	91,000	0.007	
沼	淡水	11,500	0.001	0.033
河川	淡水	2,100	0.000	0.006
生物体の水	淡水	1,100	0.000	0.003
大気（水蒸気）	淡水	12,900	0.001	0.037
合計		1,385,984,500	100	100
合計	淡水	35,029,100	2.527	

この表には、南極大陸の地下水は含まれていない。
Assessment of Water Resources and Water Availability in the World; I, A. Shiklomanov, 1996（WMO
発行）より、国土交通省水資源部作成。

際には持主から井戸の深度、スクリーン（ストレーナ）（さく井時に地下水が
流入してくるように鉄管に空けた部分）の位置などに関する情報を聞き取る。
さらに、井戸の位置や形状、持主の住所や連絡先なども詳細に記録し、次回の
調査の際に迷うことなく効率よく訪れられるようにする。上記のような課題を
クリアするためには、統一されたデータシート（調査票）を作成し、用いると
よい。井戸・地下水調査票の見本を表 15.2 に示す。
　地下水調査をするためには、対象地域の既存の井戸に頼るしかない。近年で
は、水道普及率の高い都市域の井戸は埋め戻されている場合が多い。地方にお
いても、安全上の問題などで蓋が載せられている場合が多く、地下水の調査に
利用できる井戸が少なくなっている。しかし、最大限の努力をして調査に適し
た井戸を探すのが、地下水調査の第一歩である。かつては、市役所や町役場な
どで、井戸台帳を見せてもらうことで比較的に簡単に井戸を探すこともできた
が、近年は個人情報の管理が厳しくなっており、公共の目的の調査であっても
協力してもらえない場合も多い。したがって、近年では、古い農家や寺、神社

表 15.2 井戸・地下水調査票（新井 2003 に加筆）

井戸・地下水調査票

調査者氏名：
電話番号：

井戸・地下水 No.	調査日			縮尺	天気	時刻		経度			緯度			所有者	住所	H		D		W		水温 ℃	pH	EC mS/m	DO mg/L	ORP mV	色	臭い	採水瓶 No.	備考
	年	月	日			時	分	h	m	cm	h	m	cm			m	cm	m	cm	m	cm									
1																														
2																														
3																														
4																														
5																														
6																														
7																														
8																														

井戸の利用状況に関する調査

A. 井戸の形状
　①解放井戸・密閉井戸・打ち込み井戸・深井戸
　②井戸の深度：
　③ストレーナ（スクリーン）の位置：
　④井戸の口径
　⑤手動ポンプ・電動ポンプ

B. 最近の状況
　①井戸が枯れた（　年　月頃）
　②色・臭いがついた（　年　月頃）
　③井戸を改造した（　年　月頃）
　④最初に作った年（　年　月頃）

C. 井戸の利用状況
　①良く使う・ほとんど使わない・使わない
　②家庭用・工業用・商業用・農業用
　③飲用・風呂・洗濯・雑用・防災用
　④一日の揚水量（約　　L）
　⑤その他

D. 測水可能性の判定
　①測水可能・困難だが可能・測水不可能
　②特記事項：

G（地表面標高）
W（地下水面標高）

$G = $　　m　　cm

$W = G + h - H$

※ 水温・pH・EC などは、1～2分程度放水後測定。

※ 調査地点の詳細地図（手書き）（目印）

※ その他の必要な事項は裏に記入

15　地下水を調べる

を中心に、一軒一軒訪問しながら、井戸の有無と採水に関する協力依頼をする。また、対象地域の町長や班長、地区長宛に、協力依頼の文書（お願い）を提出し、地域住民に回覧させてもらう方法などもよい。もちろん、研究・調査用の井戸を掘削することも可能であるが、その際には、掘削費用と地主の許可が必要となる。場所によっては、深度5 m〜10 m程度までであれば、ハンドオーガーという手掘り道具を用いて、人力で掘削することも可能である。いずれにせよ、井戸・地下水調査は対象地域の住民の協力なしでは成立しない調査であるので、地域住民との関わりは非常に重要であり、慎重かつ丁寧に行う。

15.3　ベースマップとボーリング資料

　地下水面の高さを標高（平均海水面からの高さ）に換算するためには、井戸設置場所の地盤標高（G）、井戸枠の高さ（天端高）（h）、井戸枠の上端から地下水面までの深さ（H）の3つの値が必要になる。井戸の地盤標高は、一般的に地図の等高線から読み取る場合が多い。その際に用いる地図が詳細な地図であればあるほど、より正確な井戸の地盤標高を求めることができる。これには、2千5百分の1や5千分の1の都市計画図（白地図）が適している。たいていの場合、市役所や町役場で購入することが可能である。東京都の場合は、島嶼部を含む東京都全域の2千5百分の1の都市計画図が画像データとして1枚のDVDに収録され、販売されている。このような大縮尺で等高線が入っている都市計画図などを調査対象地域のベースマップとして用いる。もし、入手が不可能な場合は、国土地理院が発行している1万分の1（主要都市域）や2万5千分の1（一部の島嶼部を除く日本全国）の地形図を用いる。

　さらに、より正確な井戸標高を算出する場合には水準測量を行う。その際に、対象地域にある水準点を基準とすることによって、井戸標高を正確に（mm単位で）求めることができる。水準点は、日本全国の主な国道、または、主要地方道に沿って約2 kmごとに設置されている。基準、一等、二等の3種類があり、全国に約17,000点設置されている。

　近年は、GPSを用いても地盤標高を手に入れることができるが、GPSによる標高測定は、誤差が数m程度の場合もあるので、注意する。

　地下水調査の際に、地形図と併せて入手したほうがよいのは、地質柱状図が

挙げられる。いわゆる、ボーリング資料を入手して地質断面図を描くことによって地下の地質構造を知ることが可能となる。地下水は地層（帯水層）中を流れるため、地質構造がどのようになっているかを明らかにしておくことは基本中の基本である。地質柱状図は、井戸の掘削や建築工事、ダム、トンネル、上・下水道工事、地震・災害対策調査や環境・地下資源調査などの際に作成されている。地質柱状図は、対象地域の市役所や町役場などの行政機関や一般企業などに依頼すれば見せてもらえることもある。近年では、国土交通省などでもインターネット上で公開している場合もあり、手に入りやすくなっている。その代表的なものとして、国土交通省、国立研究開発法人土木研究所および国立研究開発法人港湾空港技術研究所が共同で運営し、土木研究所が管理する「国土地盤情報検索サイト "KuniJiban"」が挙げられる（図 15.1）。

15.4 地下水の測水調査

　地下水の測水調査とは、簡単にいうと地下水の水位を測定することである。地下水の水位測定は、地下水調査には欠かせない重要な調査である。地下水の測水調査自体はそれほど難しいものではない。しかし、測水調査を行う際に重要なポイントが2つある。

　一つ目は、測水調査を行う地点の密度、すなわち、測水調査地点（井戸）の数とそのばらつきである。測水調査地点に偏りがなく、面的にある程度のばらつきをもつ必要がある。少なくとも、面積 1 km^2 あたりに 1 ～ 2 点配置する。しかし、地形の傾斜などが大きい場合などは、調査地点の密度をより高くする。

　二つ目としては、地下水面標高の精度である。地下水の測水調査の最終目的は地下水面の高さ（標高）を求めることである。それによって、地下水の流動方向や流速を把握することができる。すなわち、地盤標高を測量あるいは地図から読み取り、測水調査結果と合わせることによって、正確な地下水面標高を算出することができる。一般に地下水の測水調査は、1 cm 単位で行うので、地盤標高の測量あるいは地形図から読み取りの際に、大きな誤差が出ると測水調査を行う意味が薄れてくる。そこで、地盤標高の測量あるいは地形図からの読み取りの精度が問われることになる。地盤標高の精度問題を回避するためには、少なくとも、1 ～ 2 m 間隔で等高線が引かれている大縮尺の地形図や都

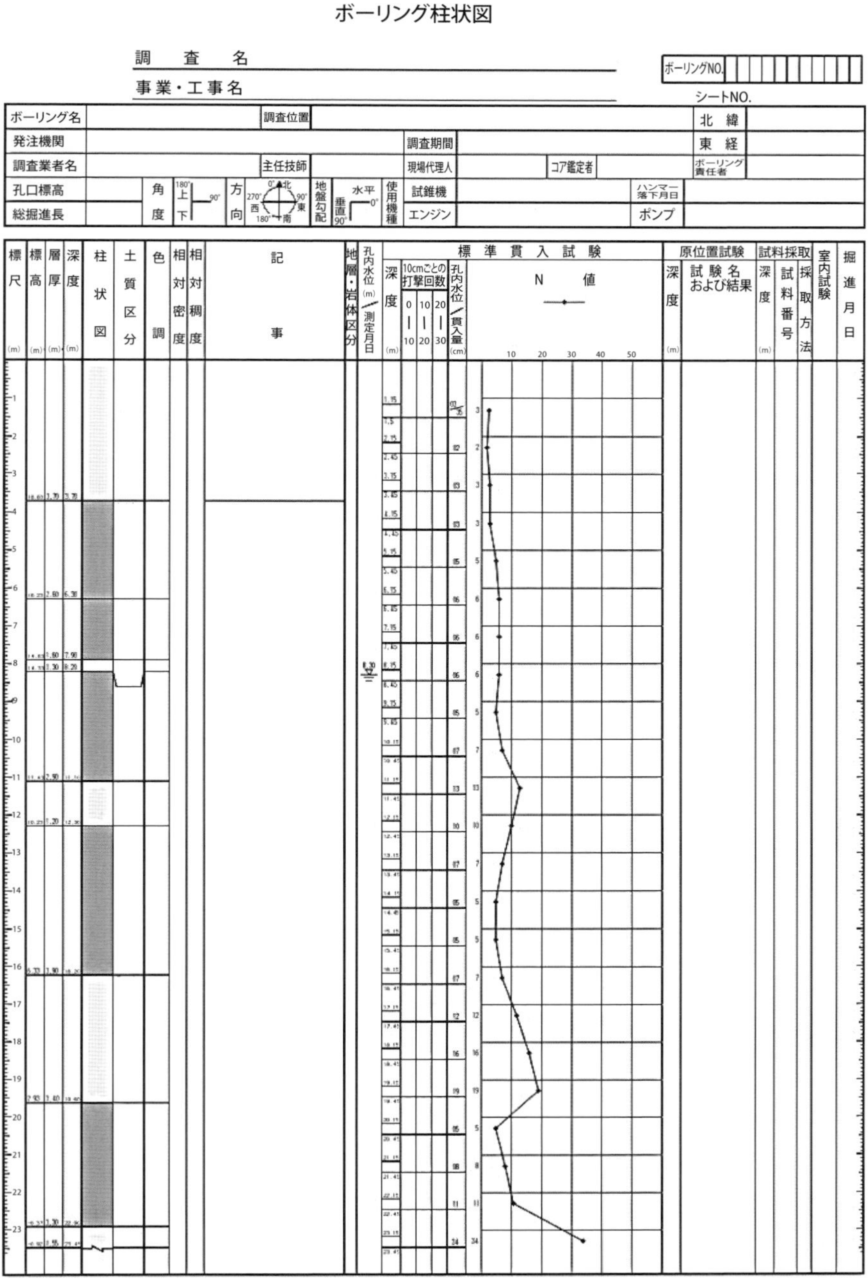

15 地下水を調べる 125

ボーリング柱状図

図 15.1 ボーリング・地質柱状図の例（国土地盤情報検索サイト KuniJiban）
（http://www.kunijiban.pwri.go.jp/jp/）

市計画図を用いる。

次に地下水面標高の算出方法を図15.2に示し、算出式を次に示す。

地下水面標高＝地盤標高（G）＋井戸枠の高さ（h）
　　　　　　－井戸枠の上端から地下水面までの深さ（H）……（式15.1）

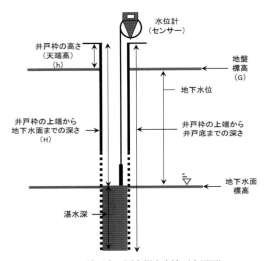

図15.2　地下水の測水調査方法（李原図）

15.5　地下水面等高線図の作成と地下水の流れ

　平面および空間的な地下水の流れを把握するためには、地下水面等高線図を作成する。地下水面等高線図とは、地下水面の高さ（標高）が等しい線を結んだ等高線図のことで、通常、地下水面図と呼ばれている。

　地下水面図を作成するためには、地下水の測水調査結果を用いる。地下水の測水調査結果から得られた地下水面の高さを式15.1に基づいて、地下水面標高で表す。地下水面図の作成方法は、地下水の測水調査に用いたベースマップ（たとえば、2千5百分の1の都市計画図）に測水調査地点をプロットし、地下水面標高を記入する。続いて、それぞれの測水調査地点の隣接する3～5点程度の地点の地下水面標高の値を用いて比例配分を行う。その結果を1～

2 m 間隔で結び等値線（等高線）を描く。等高線の間隔は、地下水調査の目的や測水調査の密度によって異なるが、地盤標高を地図から読み取った場合は、その地図の等高線間隔と同じ間隔で描くのが一般的である。

図 15.3 に比例配分法による等値線（地下水面等高線）の描き方の例を示す。たとえば、隣接する 5 地点の測水調査結果が、A 地点：35 m、B 地点：28 m、C 地点：15 m、D 地点：23 m、E 地点：44 m とすると、A 地点と B 地点の高低差は 7 m である。測水地点をプロットした地図上で A 地点と B 地点間の距離を計測し、その距離を均等に 7 等分すると、B 地点から 2 つめの等分点が地下水面標高 30 m の地点となる。同様な作業を繰り返し、地下水面標高が 30 m の地点を結ぶことで、地下水面図の作成が可能となる。もし、測水調査地点の地点数が足りない場合は、次の点を考慮するとより精確な地下水面を作成することができる。

（1）一般的に、地下水面の形状（起伏）は、地形の起伏に影響を受ける場合が多い。ただし、その起伏の度合いは地下水面のほうが地形より小さい場合

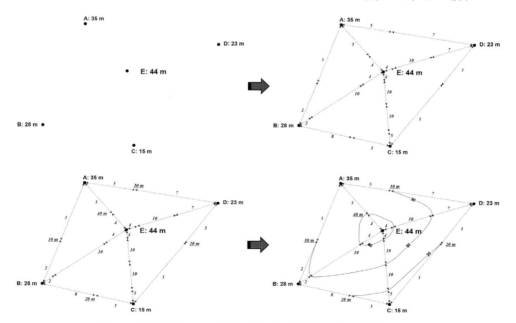

図 15.3　比例配分法による等値線（地下水面等高線）の描き方（李原図）

第Ⅳ部　現地での実践例

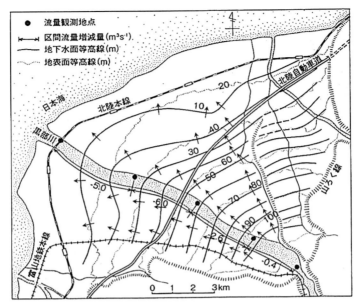

図 15.4　富山県黒部川の基底流出時（1990年8月）における地下水面図と区間河川流量の増減（→の方向は地下水の流動方向を示す）（榧根 1991、筑波大学水文科学研究室 2009 に修正加筆）

が多い。

(2) 湧水や自然河川（コンクリートなどで岸や河床が覆われていない河川）の水面の高さは、その地点の地下水面の高さを表している。

地下水面図の作成は、時間がかかる地道な作業であるが、この地下水面図によって地下水の平面的・空間的な流れが把握できる。

地下水は一般的に地下水等高線と直交する方向に流れる。このため、地下水面図を作成した後、地下水の流動方向を矢印で示すとその地域の地下水の流れの実態が見えてくる。図 15.4 をみると、黒部川の右岸側・左岸側ともに河川から扇状地に向かう地下水の流れがあり（図中の矢印）、河川の流量が減少していることが分かる。このことは、河川水が地下水を涵養していることを示唆している（→ 8.3 参照）。

このように、地下水面図の作成によって、地下水の流動方向や河川水と地下水の交流関係などについても把握、考察することが可能となる。さらに、各種

15 地下水を調べる 129

化学物質による地下水汚染の調査などの際にも、水に溶存している化学物質は、基本的に地下水とともに流動（一部、土壌に強く吸着する物質を除く）するので、平面的な汚染物質の流れや汚染の範囲を知ることも可能である。

15.6 地下水の水温と地中の温度

　水は空気より約 20 倍熱伝導率が大きい。すなわち、水は熱が伝わりやすい物質といえる。降水が地下水になるまでのプロセスを単純化して考えると、水は降水として地表面に降り注ぎ、地表面から地下に浸透して地下水となる。その過程で、降水が地下に浸透する場合は大気の温度に、地表面付近に土壌水として滞留する場合は地表面温度に、さらに地下水として帯水層中を流れる場合には地中の温度（地温）の影響を受ける。さらに、地下水は、降水、地表水よりその移動速度（滞留時間）がはるかに遅いため、通過地点の温度の影響を強く受ける。

　一般に地下水の水温は、その深度の地温に依存している。このため、地下水の水温を理解するためには、まず、地温の特性について理解する必要がある。地表面の温度は年間数十℃程度の温度変化をするのに対し、地温は、地表面から 50 cm 程度の深度で日変化がほぼなくなり、10 m 程度で年変化もほぼなくなる。このような年変化がなくなり年間を通して一定温度になる層を恒温層という。

　日本国内では地表面から 7 ～ 15 m 以深では地温の変化が見られなくなる。また、恒温層の温度は、その地点の年平均気温より一般に 1 ～ 3℃程度高い。その一方、恒温層以深では、地下増温率（地温勾配）によって、深さとともに地温が上昇する。

　ここで、地下増温率とは、恒温層以深で、深度が大きくなるにつれて、一定の割合で地温が上昇する率（比率）をいう。一般に、地下増温率は、0.02 ～ 0.03℃ /m 程度である。

　上述したように、地下水の水温は地温に依存するので、恒温層付近の浅層地下水の水温は年平均気温に近い値を示し、年変化も少ない。一方、恒温層以深の深層地下水の水温は、地下増温率による温度上昇にともない、深さとともに一定の割合で上昇する。地下水の水温が地温に依存することは、地下水の滞留

時間が長いことにもその一因がある。

　地下水を安定的に利用するためには、さまざまな保全策が必要である。その中でも、とくに水量、水質、そして水温も重要な場合がある。一般に、地下水の主な用途は、生活用水、工業用水、農業用水などである。もし、水温が非常に高いあるいは低い場合は、生活用水、工業用水、農業用水として利用する際に問題が生じるケースも起きる。適した水温にするためのコストと時間が必要となる。

文献

新井　正（2003）『水環境調査の基礎　改訂版』古今書院
国土交通省土地・水資源局水資源部（2006）『日本の水資源について〜渇水に強い地域づくりに向けて』
　　国土交通省
杉田倫明・田中　正編著・筑波大学水文科学研究室編（2009）『水文科学』共立出版
土木研究所　国土地盤情報検索サイト "KuniJiban"
　　（http://www.kunijiban.pwri.go.jp/jp/）2018.10.28 閲覧
榧根　勇（1991）『実例による新しい地下水調査法』山海堂

---

15 章のキーポイント

1. 地下水は、人類が利用できる水資源のなかでその存在比がもっとも多く、その賦存量は淡水全体の 30％程度である。
2. 地下水は、目に見えない地下を流動するので、測水調査により、地下水流動を可視化することが重要である。
3. 地下水は地下水面等高線と直交する方向に流れる。
4. 地下水は河川水と常に交流している。

16 湧水を調べる

16.1 湧水地点を探す

　湧水は地下水が地表に現れたものであり、湧き水、泉、湧泉、あるいは清水とよばれることもある。湧水の流量、水質、長期的な消長（枯渇など）は地域がおかれている水環境を反映する。普段は目にすることがない地下水が地表に湧き出るという現象そのものの“神秘さ”も含めて、湧水が自然保護の一つのシンボルとして市民グループの調査対象として人気があるゆえんである。

　地下水調査の場合の井戸探しと同じように、湧水調査もまず湧水を探すことから始めるが、いきなり現地に飛び出してもすぐに湧水がみつかるとは限らない。そこで効率よく湧水を探すには、以下のようなやり方をすすめる。

・地図から探す

　名の通った湧水なら、国土地理院の2万5千分の1の地形図や地方自治体の1万分の1の都市計画図（白地図）にポイントが正確に示されている。自治体発行の白地図はそれぞれの自治体の窓口で購入できる（有料）。また、一般の書店で販売されている山歩き用の山岳ルートマップには、水場として湧水の位置が載っている。

・インターネットや書籍の情報から探す

　最近の水ブームを反映し、インターネット上には各地の湧水情報があふれている。対象とする地域名と“湧水”や“湧泉”といったキーワードを入力して検索する。また、「○○県の湧水100選」や「○○の湧き水を訪ねて」などのタイトルで書籍も多数出版されており、これも情報源となる。

　ただ、これらから得られる情報は有名な湧水に限られるため、調査の目的によっては数的にもポイント的にも十分でないときがある。このような場合には、現地におもむいて自分の力で湧水を探すしかない。その際には、以下のような手順で湧水を探す。

・聞き取り

　現地の人に、どこに湧水があるか、かつてどこにあったかなど聞き取りをす

る。とくにお年寄りや農家の人に聞くと情報が得られる可能性が高い。農協や水利組合、自治体の水道課などを訪ねて話を聞くのもよい。

・神社やお寺を訪ねる

　湧水は地下水が地表に忽然と現れる地点である。このような神秘さのため、古くから地域住民の信仰の対象となり、湧水を祭祀の対象として神社やお寺が建立されている場合も多い。神官や住職にはその地域に詳しい人が多いので、訪問して話を聞くと思わぬ情報が得られることもある。

・地形を読む

　湧水はしばしば地形急変点に形成される。このため、河川沿いの低地（沖積低地面）が台地や丘陵地と接するような場所は狙い目である。段丘面（上位）と段丘面（下位）を画する急崖も同様である。このような地形は崖線とよばれるが、東京都の野川にそった国分寺崖線には連続して多数の湧水がある。扇状地の場合、最も標高が低い扇状地の末端部（扇端部）にはまず確実に湧水がある。水の便がよいため、湧水を中心としてその周辺に古い集落が立地していたり、下流側に水田が広がっているところもあるので、湧水探しではよい目印になる。また、自然の水を集めて流れている小川の源流には湧水があることが多い。

・地質を読む

　地下水は、礫や砂などの水を通しやすい地層（帯水層）のなかを高いところから低いところに向かって流れ、最終的に水を通しにくい難透水層（粘土層など）の上面付近に集まる。崖の途中に粘土層が露出していれば、そこに湧水が形成される。このような粘土層の分布を追ってゆけば、湧水がみつかる確率が高くなる。また、火山地域では溶岩流の末端部に湧水、しかも大規模なものができやすい。水を通しやすい溶岩流（帯水層）の中を流れてきた大量の地下水が、末端で地表に現れるためである。

・植生を読む

　水に乏しいために植生がまばらな崖や傾斜地あるいは山腹であっても、地下水が常に湧き出ているようなところには苔が生えていたり、植生が密であったりする。また、湧水地点とその周辺には、地下水特有の水温や清浄な水質を好むセリなどの植生がみられることもある。とくに山中で湧水を探す際には、植

16 湧水を調べる　　　　　　　　　　　　　　133

生は有力な手がかりとなる。

・季節を考える

　冬期の湧水の水温は気温にくらべてかなり高い。このため、雪が降った後に山中に入ると、湧水地点とその下流は雪が溶けているので容易に湧水を発見することができる。

　図16.1は、以上のようなやり方で湧水を探して作成した八ヶ岳南麓の湧水分布図である。図中の地点Aは神社の湧水、地点Bと地点Cは沢の源流の湧水、地点Dは崖の途中の地層境界からの湧水、また地点Eと地点Fは溶岩流末端の湧水、地点Gと地点Hは地元の人への聞き取り調査でみつけた湧水である。さらに、冬期積雪期に局所的な融雪の状況と植生をたよりに見つけた湧水が地

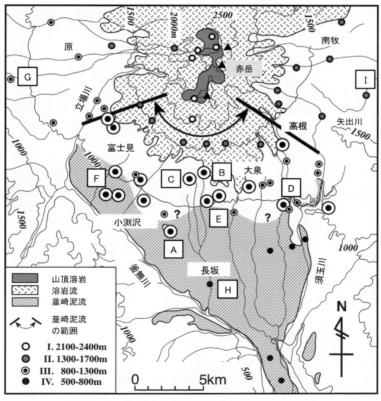

図16.1　八ヶ岳南麓における湧水の分布（風早・安原原図）

点Iである。

　湧水調査は、湧水地点が見つかれば半分以上成功したようなものである。ただし、一つ注意すべきことは、湧水調査は井戸調査と組み合わせて行うことが大切である。湧水調査だからと言って、井戸があるにもかかわらずその調査を行わないケースをよく見聞きするが、これはナンセンスである。湧水は地下水の露頭である。井戸水（地下水）がいずれは湧水となって地表に現れるのである。両方の調査を組み合わせることで、その地域の水環境のより詳細で正確な理解が進む。

16.2　湧水量の継続調査

　湧水は、涵養域（その湧水に向かって集まってくる地下水の範囲）における地下水位の変化によって流量（湧水量）が変わる。このため、田んぼや畑をつぶしての宅地造成や、広範囲の舗装などの地表面の状態の変化によって地下に浸みこむ雨の量が変わると、湧水量は容易に影響を受ける。したがって、長い期間にわたって湧水量（水質も同様）を継続調査することは、人間活動に起因する涵養域の自然環境変化を知る上で重要である。

　湧水量の継続調査においては、測定に際しての注意がある。まず、必ず同一地点で流量を測定する。測定地点を変えてしまうと誤差の原因となる。また、流量測定は、精度的に最も正確な値が得られる"容積法"（→ 9.2 参照）で行う。30 L ～ 50 L の厚手の大型のビニール袋を使用し、湧水が流れる流路の底にビニール袋の口を強く押し当て、流れてくる湧水の全量を袋の中にため込む。一定時間が経ったらビニール袋をもち上げ、袋の中に入った水の量をメスシリンダーを用いて計量する。こうして得られた水量を、水がたまるまでにかかった時間で割れば湧水量が求まる。何度も繰り返して測定すれば、高い精度で個人差の少ない測定が可能となる。ただ、水量が多い、あるいは流路の状態によっては容積法の適用が難しいケースもある。そのような場合には、可能な限り正確に流水断面（→ 8.1 参照）や流速（→ 9.2 参照）を計測し、湧水量の測定精度をあげる。

　図 16.2 は、国分寺崖線に沿って湧出する湧水の一つである国分寺市の真姿の池湧水において、1975 年から 2002 年まで 28 年間にわたって湧水量を継

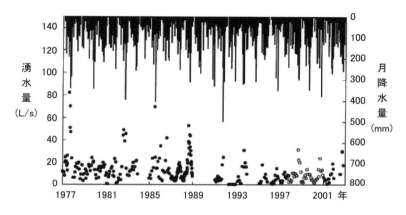

図16.2 真姿の池湧水における1975年から2002年までの湧水量の経年変化と降水量（対馬ほか2008）。白丸は国分寺市による測定結果

続して測定した結果である。この28年の間にしだいに湧水量が減少している様子がわかる。同期間に月降水量の有意な増加減少傾向は認められないことから、緑被率（地域の総面積に対する水田、畑、山林を足した面積の比率）の低下にともない、地下水となる浸み込む雨の量が減少し、そのために湧水量が減少したものと考えられる。湧水量を長年にわたって丹念に調査し、記録することで、都市化にともなう涵養域の自然環境変化が明らかとなった例として貴重である。

16.3 東京の湧水を例として

　意外なことに東京には驚くほど多数の湧水がある。30年前のデータではあるが、図16.3の東京の湧水分布図（1985〜1986年）をみると、秋留台地、日野台地、狭山丘陵、武蔵野台地の周辺ならびにそれらを開析する河川に沿って無数の湧水がある。多摩川、野川、仙川、目黒川、善福寺川、白子川、落合川、柳瀬川、平井川、秋川などに沿ってとくに湧水が集中している。30年経った現在では、これらの湧水の一部は枯渇しているかもしれないが、それにしてもこれほどの人口集中地域にこれほど多数の湧水がみられるような場所は、世界中探してもまずないであろう。

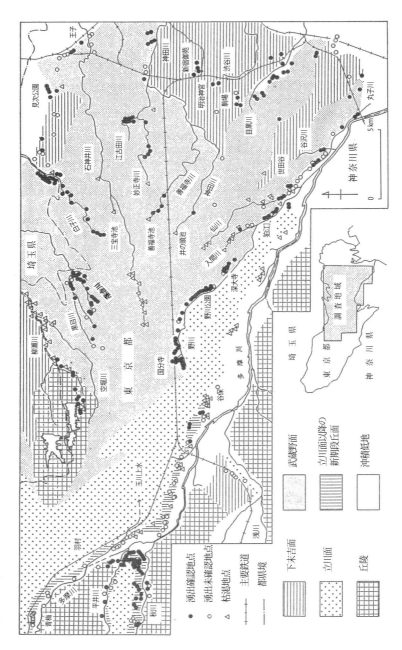

図 16.3 東京の湧水分布（1985〜1986 年）（新井 2003）

16 湧水を調べる

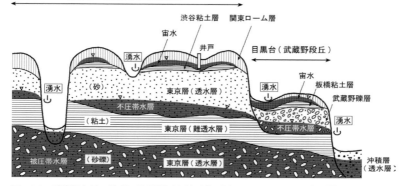

図 16.4　武蔵野台地の地形・地質断面と地下水（品川区とその周辺の東西模式断面図）。
山崎憲治編著『地域に学ぶ-身近な地域から「目黒学」を創る-』（二宮書店）に加筆修正

　東京の湧水がこのように線状に分布する理由はすでに 16.1 で述べたが、これらの河川に沿って段丘が形成されており、地形の急変点が連続しているためである。図 16.4 は武蔵野台地の下流部にあたる品川区とその周辺の東西方向の地形・地質断面図である。目黒台（武蔵野面）の下方の崖下に沿って湧水が連続する理由がわかるであろう。さらに、武蔵野台地では、関東ローム層の下位に板橋粘土層や渋谷粘土層とよばれる粘土化した地層が存在する。地下の浅いところに分布するこのような粘土層は、上位の関東ローム層中に"宙水"をつくる（図 16.4）。この宙水が台地を解析する谷の斜面の途中や窪地に湧き出すことも、東京に湧水が多い理由である。

　東京の湧水を考える際の注意点や問題点をいくつか紹介する。湧水が枯渇したり、あるいは流量が減少したため、湧水とうたいながら実は深い井戸を掘って汲み上げた地下水を導水しているところがある。また、水道からの漏水ではないかと疑われる湧水もある。湧水の信ぴょう性を確かめる簡単な方法は、夏と冬に水温を測定し、それが年間ほとんど一定である点を確認することである（新井 2003）。もう一点、いわゆる"護岸湧水"についても触れておく（→ 13.3 参照）。河川のコンクリート製の側壁護岸の途中に埋設された湧水パイプからの流出についてである（図 13.3）。このような地下水の流出形態は、武蔵野台地を開析する河川では一般的にみられる。これを「湧水」として認め、その数

に加えるかどうかは大いに議論の分かれるところであろう。東京都の環境調査に基づく湧水分布図には、湧水（護岸湧水）として記載されている年もある（たとえば、東京都環境局編 2005）。湧水は地下水の露頭である。その地下水が流出するのだから湧水としてよいという意見もある。一方で、湧水パイプは人工的な構造物であり、自然に地下水が湧いてくるものではない。したがって、湧水とは認めがたいという立場の方もいる。この護岸湧水、東京のように高度に都市化が進んだ地域における水環境のあるべき姿について、改めて考えてみる一つの機会を提供してくれている。

文献
山﨑憲治編著（2003）『地域に学ぶ―身近な地域から「目黒学」を創る―』二宮書店
東京都環境局編（2005）東京の湧水～湧水マップ～
新井　正（2003）『水環境調査の基礎　改訂版』古今書院
対馬孝治・中祢顕治・土橋亨子・竹内陽子・齋藤真理・本間君枝・松永義徳・小倉紀雄（2008）真姿の池湧水の 28 年間（1975-2002 年）の水質変動　地下水学会誌

---

16 章のキーポイント

1. 湧水探しにはコツがある。
2. 湧水量や水質の継続観測は、地域の自然環境変化を知る重要な手がかり。
3. 都市化が著しく進んだ大都市にも多数の湧水が存在。
4. 地形や地質構造が湧水ポイントやその分布を決定。

おわりに

　学部教育や市民講座などで、水環境の具体的な調査法に関する本として、新井正著『水環境調査の基礎』（初版 1994、改訂版 2003）は、教員や学生などをはじめ、一般の読者からも高い評価を得てきたが、すでに絶版となって久しい。その背景には、新しい調査方法や器具が出てきたこと、さらには調査を取り巻くさまざまな環境が変わってきたことなどがある。

　しかし、水環境に関する調査のニーズは高く、新しい調査方法をわかりやすくまとめた本への期待も高まってきた。そこで、今回 5 名により、新たな調査法の本を刊行すべく準備を進めてきた。気候学の福井英一郎東京教育大学名誉教授の教えに「書籍はできるだけ少ない人が書いたものがよい」という言葉があるが、水環境に関しては、その調査法の内容が多岐にわたるため 1 ～ 2 人でまとめることが難しいということを考慮し、あえて 5 名で執筆することとした。

　水環境に関する、純粋かつ科学的な入門書、すなわち現象の本質を捉えようとする姿勢をはっきり謳った本は多いとはいえない。そのため、調査法の本ではあるが、前半に水文環境学の基礎についての章を設け、調査に必要な基礎的内容の解説を試みることとした。

　実際に原稿を書き始めてみると、調査法と調査事例などを完全に分離できない側面も出てきて、取りまとめの難しさを感じた面も少なからずある。また、書き足りない部分もあったように思う。しかし、本書に書かれたことを丁寧に読んでいただき、現場で活用していただければ、水環境調査を効率的に実施でき、有意義な結果が得られるはずである。うまく活用していただければ幸いである。

　結びに、野外調査の際には、安全の確保、現地住民への十二分な配慮を忘れないようにすることをお願いし、筆をおくことにする。

鈴 木 裕 一

付録A　生活環境の保全に関する環境基準

（1）河川（湖沼を除く。）

項目類型	利用目的の適応性	基準値					該当水域
		水素イオン濃度（pH）	生物化学的酸素要求量（BOD）	浮遊物質量（SS）	溶存酸素量（DO）	大腸菌群数	
AA	水道1級 自然環境保全 及びA以下の欄に掲げるもの	6.5以上 8.5以下	1 mg/L 以下	25 mg/L 以下	7.5 mg/L 以上	50 MPN/ 100 mL 以下	第1の2の(2)により水域類型ごとに指定する水域
A	水道2級 水産1級 水浴及びB以下の欄に掲げるもの	6.5以上 8.5以下	2 mg/L 以下	25 mg/L 以下	7.5 mg/L 以上	1,000 MPN/ 100 mL 以下	
B	水道3級 水産2級 及びC以下の欄に掲げるもの	6.5以上 8.5以下	3 mg/L 以下	25 mg/L 以下	5 mg/L 以上	5,000 MPN/ 100 mL 以下	
C	水産3級 工業用水1級 及びD以下の欄に掲げるもの	6.5以上 8.5以下	5 mg/L 以下	50 mg/L 以下	5 mg/L 以上	－	
D	工業用水2級 農業用水 及びEの欄に掲げるもの	6.0以上 8.5以下	8 mg/L 以下	100 mg/L 以下	2 mg/L 以上	－	
E	工業用水3級 環境保全	6.0以上 8.5以下	10 mg/L 以下	ごみ等の浮遊が認められないこと。	2 mg/L 以上	－	
測定方法		規格12.1に定める方法又はガラス電極を用いる水質自動監視測定装置によりこれと同程度の計測結果の得られる方法	規格21に定める方法	付表9に掲げる方法	規格32に定める方法又は隔膜電極若しくは光学式センサを用いる水質自動監視測定装置によりこれと同程度の計測結果の得られる方法	最確数による定量法	

備考
1. 基準値は、日間平均値とする（湖沼、海域もこれに準ずる。）。
2. 農業用利水点については、水素イオン濃度6.0以上7.5以下、溶存酸素量5 mg/L以上とする（湖沼もこれに準ずる。）。
3. 水質自動監視測定装置とは、当該項目について自動的に計測することができる装置であって、計測結果を自動的に記録する機能を有するもの又はその機能を有する機器と接続されているものをいう（湖沼海域もこれに準ずる。）。
4. 最確数による定量法とは、次のものをいう（湖沼、海域もこれに準ずる。）。
　試料10ml、1ml、0.1ml、0.01ml……のように連続した4段階（試料量が0.1ml以下の場合は1mlに希釈して用いる。）を5本ずつBGLB醗酵管に移植し、35～37℃、48±3時間培養する。ガス発生を認めたものを大腸菌群陽性管とし、各試料量における陽性管数を求め、これから100ml中の最確数を最確数表を用いて算出する。この際、試料はその最大量を移植したものの全部又は大多数が大腸菌群陽性となるように、また最少量を移植したものの全部又は大多数が大腸菌群陰性となるように適当に希釈して用いる。
　なお、試料採取後、直ちに試験ができない時は、冷蔵して数時間以内に試験する。

（注）
1. 自然環境保全：自然探勝等の環境保全
2. 水道1級：ろ過等による簡易な浄水操作を行うもの
　水道2級：沈殿ろ過等による通常の浄水操作を行うもの
　水道3級：前処理等を伴う高度の浄水操作を行うもの
3. 水産1級：ヤマメ、イワナ等貧腐水性水域の水産生物用並びに水産2級及び水産3級の水産生物用
　水産2級：サケ科魚類及びアユ等貧腐水性水域の水産生物用及び水産3級の水産生物用
　水産3級：コイ、フナ等、β－中腐水性水域の水産生物用
4. 工業用水1級：沈殿等による通常の浄水操作を行うもの
　工業用水2級：薬品注入等による高度の浄水操作を行うもの
　工業用水3級：特殊の浄水操作を行うもの
5. 環境保全：国民の日常生活（沿岸の遊歩等を含む。）において不快感を生じない限度

（2）湖沼（天然湖沼及び貯水量が 1,000 万立方メートル以上であり、かつ、水の滞留時間が 4 日間以上である人工湖）

項目類型	利用目的の適応性	基準値					該当水域
		水素イオン濃度（pH）	化学的酸素要求量（COD）	浮遊物質量（SS）	溶存酸素量（DO）	大腸菌群数	
AA	水道1級 水産1級 自然環境保全 及びA以下の欄に掲げるもの	6.5以上 8.5以下	1 mg/L以下	1 mg/L以下	7.5 mg/L以上	50 MPN/100 mL以下	第1の2の(2)により水域類型ごとに指定する水域
A	水道2、3級 水産2級 水浴 及びB以下の欄に掲げるもの	6.5以上 8.5以下	3 mg/L以下	5 mg/L以下	7.5 mg/L以上	1,000 MPN/100 mL以下	第1の2の(2)により水域類型ごとに指定する水域
B	水産3級 工業用水1級 農業用水 及びCの欄に掲げるもの	6.5以上 8.5以下	5 mg/L以下	15 mg/L以下	5 mg/L以上	—	第1の2の(2)により水域類型ごとに指定する水域
C	工業用水2級 環境保全	6.0以上 8.5以下	8 mg/L以下	ごみ等の浮遊が認められないこと。	2 mg/L以上	—	第1の2の(2)により水域類型ごとに指定する水域
測定方法		規格12.1に定める方法又はガラス電極を用いる水質自動監視測定装置によりこれと同程度の計測結果の得られる方法	規格17に定める方法	付表9に掲げる方法	規格32に定める方法又は隔膜電極若しくは光学式センサを用いる水質自動監視測定装置によりこれと同程度の計測結果の得られる方法	最確数（MPN）による定量法	

備考
水産 1 級、水産 2 級及び水産 3 級については、当分の間、浮遊物質量の項目の基準値は適用しない。
（注）
1. 自然環境保全：自然探勝等の環境保全
2. 水道 1 級：ろ過等による簡易な浄水操作を行うもの
　　水道 2、3 級：沈殿ろ過等による通常の浄水操作、又は、前処理等を伴う高度の浄水操作を行うもの
3. 水産 1 級：ヒメマス等貧栄養湖型の水域の水産生物用並びに水産 2 級及び水産 3 級の水産生物用
　　水産 2 級：サケ科魚類及びアユ等貧栄養湖型の水域の水産生物用及び水産 3 級の水産生物用
　　水産 3 級：コイ、フナ等富栄養湖型の水域の水産生物用
4. 工業用水 1 級：沈殿等による通常の浄水操作を行うもの
　　工業用水 2 級：薬品注入等による高度の浄水操作、又は、特殊な浄水操作を行うもの
5. 環境保全：国民の日常生活（沿岸の遊歩等を含む。）において不快感を生じない限度
資料：「環境基本法第 16 条による公共用水域の水質汚濁に係る環境上の条件につき人の健康を保護し及び生活環境を保全するうえで維持することが望ましい基準」

142

付録B　野外調査実施時の一般的注意事項

1. 調査計画

✓ 調査を行う際は、調査日程・調査地域・調査メンバー・調査方法などについて、事前にリーダーと十分に打ち合わせを行う。
また、緊急時の連絡方法について確認しておく。
✓ 日程的に余裕をもった調査計画を立てる。
✓ 調査地域については、往路・復路のルート確認や危険箇所の有無について事前に調べておく。
✓ 調査は原則として複数名で行い、互いの連絡方法を確立しておく。
✓ 身分証明証を携帯し、常に提示できるようにする。
✓ 持病や服用すべき常備薬がある場合はリーダーに病名、薬品名を報告しておく。
✓ 必要に応じて、防寒や靴・車の滑り止めの準備をしておく。

2. 危険対策

✓ 事前に危険な地点（自然条件、交通条件、治安）を確認しておく。
✓ 救急箱を用意しておく。また、簡便な手当ができるように消毒液やカットバンなどは常に携帯しておく。
✓ 調査地域に出現する危険生物については事前に調べておき、その対処方法を確認しておく（ヘビやハチなどに刺された際のポイズンリムーバー（毒液・毒針吸入器）や助けを呼ぶための笛の携帯など）。
✓ 毒虫に刺されないように、不必要に肌を露出した服装は避ける。
✓ 自然災害（地震津波、山火事、落雷）に備えて、調査地域における避難場所を確認しておく。
✓ 最低限必要な食料は携帯しておく。

3. 法令遵守

✓ 事前に立ち入り禁止、採取禁止、写真撮影禁止、測定機器設置禁止などの禁止事項がないか確認しておく。許可が必要な場合は事前に許可を取得し、許可証を携帯する。
✓ 調査対象（地域）が国や地方自治体によって指定された記念物や文化財、史跡であるかについて確認しておく。
✓ 私有地に勝手に入らないようにし、立ち入るときには必ず許可を得る。
✓ 調査に際して世話になった方には真摯に対応し、礼を述べる。

4. 突発的な対応

✓ 地震、津波、気象災害、火災などに遭遇した場合は、直ちに安全を確保するとともにリーダー、家族に連絡する。
✓ 自らが事故を起こした場合も速やかにリーダーや関係者、警察などに連絡する。
✓ 盗難や紛失などを防ぐために貴重品や現金等の管理を徹底し、問題が生じた際には速やかに警察に連絡する。

立正大学地球環境科学部環境システム学科（2018）を一部修正

付　録

付録C　野外調査の準備・事後処理のためのメモ

I　調査に行く前に

1．調査計画関連
□調査日時・日程の確認　　　　　□調査項目・手順等の確認　　　　□宿泊・車両等の手配・予約
□関係機関への連絡・許可申請　　□保険の加入　　　　　　　　　　□（　　　　　　　　　　）

2．調査資料関連
□調査地に関する資料収集・準備　□調査用の地図の準備・確認　　　□調査台帳の準備・作成等
□調査法書籍や説明書等の確認　　□（　　　　　　　　　　）　　　□（　　　　　　　　　　）

3．調査機材関係
□測定機器の準備・メンテナンス　□調査機材の準備　　　　　　　　□測定機器の校正
□消耗品等の購入・準備　　　　　□PC・ロガー等の準備　　　　　　□（　　　　　　　　　　）

4．携帯品関係（調査内容に応じて追加、削除）
□調査機材　　　　　　　　　　　□調査資料　　　　　　　　　　　□地形図
□測定機器　　　　　　　　　　　□消耗品関係　　　　　　　　　　□工具関係
□文具等　　　　　　　　　　　　□救急バック・安全用品　　　　　□水・食料
□衣類　　　　　　　　　　　　　□洗面洗濯用品　　　　　　　　　□医療関係
□（　　　　　　　）　　　　　　□（　　　　　　　　）　　　　□（　　　　　　　　）
□（　　　　　　　）　　　　　　□（　　　　　　　　）　　　　□（　　　　　　　　）

調査地域：

調査期間：　　　年　　月　　日（　）　～　　　　年　　月　　日（　）
　　□　宿　泊　先：　　　　　　　　　　　電話／メール：
　　□　宿　泊　先：　　　　　　　　　　　電話／メール：

緊急連絡先：
　　□　学　　校：　　　　　　　　　　　電話／メール：
　　□　家　　族：　　　　　　　　　　　電話／メール：
　　□　そ の 他：　　　　　　　　　　　電話／メール：

II　調査後に

1．調査データ・観測結果関係
□野帳の整理・確認　　　　　　　□台帳・観測データの整理　　　　□デジタルデータの回収・整理
□写真・GPSの整理　　　　　　　□地図・ルートマップの整理・確認　□略地図・測量等の清書
□（　　　　　　　　　）　　　　□（　　　　　　　　　　）　　　□（　　　　　　　　）

2．調査後の機材関係
□調査機材のメンテナンス・整理　□測定機器のメンテナンス・整理　□消耗品等の補充
□PC・ロガー等）の整理　　　　　□（　　　　　　　　　　）　　　□（　　　　　　　　）

3．報告・その他
□学校等への連絡　　　　　　　　□家族等への連絡・報告　　　　　□関係機関へのお礼・連絡
□報告・レポートの作成　　　　　□結果の報告・発表　　　　　　　□（　　　　　　　　）
□（　　　　　　　　　）　　　　□（　　　　　　　　　　）　　　□（　　　　　　　　）
※実施したもの、確認を済ましたものは、□内にレを記入。

付録D　携帯品チェックリスト（調査内容に応じて、品目を追加）

種別	品目	コメント	事前確認	最終確認
書類	地形図	現地で動くときに便利な縮尺のものと周辺地域が概観できるもの		
	湖盆図	拡大コピーして、複数枚用意しておくと便利		
	文献	調査に活用できるような資料はすぐにみられるようにファイルにまとめておく		
	身分証明書	身元を尋ねられたときに提示。必要に応じて大学や研究室等の連絡先を明記した名刺があってもよい。		
	免許証	車の運転をする時には必須		
	保険証	病気やけがに備えて		
	保険証書	事故等があったときの連絡先も含めて加入保険の書類		
資金	現金	銀行やカードを使えないこともある。紙幣は両替しておく		
	小銭	ローカルな店ではお釣りがないこともあるし、自動販売機を使わなくてはならないこともあるので、用意しておく		
筆記用具	フィールドノート	予備のものも準備しておく		
	鉛筆、シャープペンシル	数本用意する　鉛筆削りや消しゴムも合わせて用意する		
	ボールペン	フィールドノートが濡れると書けなくなったりするので注意		
	油性マジックインク	水性は濡れるとにじむので不可		
	濡れてもかけるマジック	濡れていても書けるので便利		
	画板	台帳や調査用紙の記入に便利		
文具	ビニールテープ	印をつけたり、密閉するために便利。色別に数種類あると便利		
	布製ガムテープ	梱包や簡単な補強・修理にも使える		
	両面テープ	糊代わりにも使えて役に立つ		
	のり	使用頻度は高くないが1本用意		
	瞬間接着剤	簡単な修理・補修に利用		
	ハサミ	ロープや紙等の切断に利用		
	カッター	大型や小型など各種類のものを取り揃えておくよい		
道具	カメラ	携帯電話のカメラでなく、別途用意しておくことが望ましい		
	携帯電話	一日中充電できないこともあるので、充電池を準備		
	双眼鏡	大きな湖沼では便利		
	懐中電灯	開放井戸の調査や停電時などに便利		
	電池	機器に合わせた電池を準備		
	工具（ドライバー、ペンチ）	精密ドライバーなどもあると機器のトラブル時に便利		
	針金・留め具	固定や落下防止に使える		
	パソコン	データ回収、データ整理のためにも必要になることがある		
衣類	帽子	とくに日差しが強い時にはかぶる		
	雨具（カッパ、カサ）	調査中は手が空くカッパがよい		
	長袖	虫刺されやけど防止にも必要		
	長靴	濡れやすい場所や河川に入る時には履くとよい		
	サンダル	濡れやすい場所や着替え時に便利		
	タオル	自分の体だけでなく、調査機材拭き用。複数枚あるとよい		
	旅行用具（歯磨き、着替え等）	宿泊をともなう調査の場合は用意		

付　録　　　　　　　　　　　　　　　　145

調査機材	折尺・メジャー	水位、流量測定、距離の測定など高活用		
	コンベックス	金属製のメジャー。金属製のため、水濡れ等にも対応可		
	巻尺	長い距離を測る際に利用		
	ロープ	湖沼調査で活用。等間隔に印をしたものなど複数あるとよい		
	トラロープ	黄黒のロープ。大きなものをくくり付けるときに便利		
	ポール	白と赤の20cmの棒。目印にもなり、簡易測量に利用		
	水位標	湖沼や河川の水位測定のため		
	ベイラー	地下水用の採水器。井戸で利用		
	北原B式、バンドーン型	湖沼水の深度別の採水器		
	メッセンジャー	湖沼水の採水器とセットで利用		
	ポリバケツ	2つ以上あるとよい		
	ビーカー	現場ではプラスチック製がよい		
	計量カップ	採水にも利用可		
	メスシリンダー	計量に利用		
	ビニール袋（透明、複数）	大きいものは湧水の測定に利用。防水にも使える		
	ポリビン	必要に応じた種類と数を用意		
	アンカー（コンクリートブロックなど）	湖沼調査のボートのイカリ代わり		
	ライフジャケット	湖沼調査、河川調査等に着用		
	雑巾	機材の清掃や濡れたものを拭くためにも必要		
	軍手	手や指のけが防止にもなる		
測定・計測機器	デジタル水温計	気温測定にも利用可		
	ｐＨ計	校正液も併せて携帯する		
	電気伝導率計	予備用も持っていく		
	溶存酸素計	隔膜電極式の場合は交換用隔膜も準備		
	簡易水質検査器具	パックテスト等を目的に合わせて用意する		
	簡易式反射光度計	高価であるが高密度の測定可		
	水色計	湖沼の水色測定で利用		
	セッキー円板	湖沼の透明度調査で利用。ロープは現地でつけると持ち運びが楽		
	透視度計	透明度に似ているが、河川の濁り具合を測定する		
	水位計（水面計）	予備用も持ち合わせるとよい		
	自記水位計	バロメーターと併せて最低2個以上		
	流速計	検定定数や動作確認を事前に実施		
	高度計	標高や気圧の変化も確認できる		
	雨量計	やや高価であるが、降水量計測に利用		
	距離計	簡易測量に便利		
	GPS	位置確認だけでなく、軌跡機能を利用した測量にも使える		
	クリノメーター	地質調査や観測測量で利用		
その他	飲料水、食料	現地で調達も可		
	医薬品類（傷薬、カットバン等）	救急箱（鞄）があればよい。ポイズンリムーバー（毒液、毒針吸引器）、冷却スプレーなども必要に応じて準備する		
	ティッシュペーパー	無いと困ることもある。濡れないように密閉袋に入れておくとよい		

付録E　報告書の書き方

「報告書のタイトル」

○○○○年○○月○○日
執筆者名（報告者名）○○○○
所属機関○○○○研究会

Ⅰ　目的（はじめに）
　　　1　調査の経緯や背景　動機など
　　　2　先行研究（これまでの研究）　どこまで研究が進んでいるか
　　　3　目的　できるだけ明確に書く　できれば仮説（見通し）も書く

Ⅱ　調査方法
　　　1　日時　調査期間
　　　2　場所　調査地域の概要
　　　3　方法
　　　　　　3.1　調査場所の選定
　　　　　　3.2　測定機器
　　　4　調査の内容

Ⅲ　結果
　　　○　各項目ごとにまとめる
　　　○　図、表、写真などを用いてわかりやすくする
　　　○　必要に応じてイラストなども活用する
　　　○　図、表、写真については必ず説明文をつける

Ⅳ　考察
　　　○　得られた結果をもとに考察して、結論を導く
　　　○　考察の際には、自分が得た結果と引用した内容や図表との区別をきちんとつける
　　　○　自分の結果と引用の区別があいまいだと、盗用の疑いがかかることがある

Ⅴ　結論
　　　○　考察を通して得られた内容をまとめる
　　　○　箇条書きにするとわかりやすい
　　　○　目的に合った結論であるか、検討する

謝辞
　　　○　お世話になった人や機関にお礼を述べる
文献
　　　○　提出先の指示あるいは前例に従う

その他
　　　○　用字用語などの書き表し方は、執筆要領に従う
　　　○　書き方の参考として「公用文の書き表し方の基準（文化庁）」がある
　　　○　自分の注意すべきところやとくに強調したいところは適宜加筆する

索 引

あ

浅井戸 88
圧力センサー 44
アメダス 75, 78

い

イオンクロマトグラフ 88
井戸・地下水調査 121, 122, 123
井戸の地盤標高 123
井戸枠 69, 123, 126

う

ウインクラー法 55, 56
ウーレの水色標準 16
浮子法 **81**
打ち込み式井戸 69, 89, 90
雨量ます 76

え

栄養生成層 17
塩化物イオン 27, 28, 58, 80
エンドメンバー法（端成分法）**9**

お

汚染物質負荷量 26, 31
音響探査 14, 71
温帯湖 **17**, 22
温度センサー 44, 51

か

解析雨量 75
崖線 132, 134
開放井戸 69, 88, 89
隔膜式ガルバニ電極法 56
隔膜電極法 55, 56
火口湖 13
火山性微粒子 16
河川縦断面 32
河川流出量 9, 10, 77
河川流量 12, 42, 45, 47, 69, 78, 79, 80, 104, 106, 107, 109, 129
家庭雑排水 27, 28, 104
可能蒸発散量 **2**, 84, 96

か

過飽和 54
カルデラ湖 13
簡易採水 115
簡易水質試験キット 88
簡易水質分析 118
間隙率 25
乾性降下物 94
完全飽和 54
寒帯湖 17
簡単な採水装置 95
涵養域 134, 135
環流 19

き

希ガス 91, 92
聞き取り調査 61, 133
器差 40, 114
希釈法 **80**
汽水湖 13
基底流出水 **9**
救命胴衣 **111**, 112, 119
魚群探知機 71

く

クリノメーター 39, 63

け

蛍光法 55, 56
径深 7
下水道管 28, 108, 109
下水道統計 34
下水高度処理水 105
結氷 **17**, 19
減衰係数 9
懸濁物質 15, 16, 88
検定定数 46, 47

こ

恒温層 128, 129
工業用水 120, 129, 130
合流式下水道 108
工場排水試験方法 56
硬水 48, 49, 51
降水 1, 21, 67, 93, 94, 95, 128

降水高 77, 95
校正式 40
高低差の測定 65
コガ井戸 69, 88, 89, 90
湖岸線 **13**, 14, 71, 72
護岸湧水 137, 138
国分寺市の真姿の池湧水 134
湖沼型 22
湖沼図 **13**, 33, 39, 71, 72, 110
湖沼調査 72, 90, **110**, 111, 115
湖色 15, 113, 114
湖盆形態 72
湖盆図 **14**, 15, 42, 110
ゴムボート **112**, 113
湖流 **19**, 20, 116, 117

さ

採水 37, 39, 56, 58, 86, 87, 88, 89, 90, 91,
　　93, 94, 95, 105, 111, 113, **115**, 116,
　　119, 120, 123
採水器 39, 88, 90, 94, **115**, 119
採水容器 86, 87, 88, 89
最低要水量 84
最密充填 87
サブシステム 98
酸栄養湖 23
算術平均法 **77**, 78
酸性雨 23, 67, 94, 95
残留塩素 89

し

GPS 14, 39, 61, 114, 117, 123
ジーメンス 48
時間スケール 66
自記雨量計 76
自記水位計 43, 44, 45, 71
実蒸発散量 **2**, 96, 97
実流速 24, 25, 26
地盤標高 69, 123, 124, 126
弱酸性 23, 93
石神井川 103, 104, 105, 109
重金属（類）27, 29, 87, 88
循環期 115
準備品リスト 39
浄化対策 27, 31
消光現象 57
硝酸イオン 27, 28, 109
硝酸汚染 28
上水道統計 34
蒸発散 **2**, 3, 84, 93, 96
蒸発散位 2

蒸発残留物 88
蒸留水 3, 45, 47, 48, 49, 51, 53, 57, 59, 93
人為的影響 66, 67
親水公園 103, 104
深水層 17, 18

す

水位 21, 42, 43, 44, 45, 63, 67, 83, 118, 124
水位計 42, 43, 44, 45, 71
水位標 42
水位・流量曲線 83
水温成層期 115
水温躍層 18
水系網 6, 7, **98**, 99, 100, 101, 102
水質測定 66, 78, 89, 116
水質年鑑 34
水準器 63, 65
水準測量 123
水準点 65, 123
水色計 **39**, 114
水線記号 98
水素イオン濃度 51, 95
吹送距離 18
吹送流 19
水道水 27, 28, 30, 34, 48, 49, 89
水道水質基準（厚生労働省）27
水面勾配 30
水文循環 **1**, 2, 74
菅原のタンクモデル 11
ストレーナ 121, 122

せ

生活用水 21, 120, 129
堰止湖 13
自然河岸 104
セッキーの円板 **16**, 114
セル定数 49
センサーキャップ 57
前線性降水 3
浅層地下水 11, 109, 129
善福寺川 103, 107, 135

そ

ソーンスウエイト法 2, **84**, 96
測深 39, 69, 71
測定機器 40, 41, 62, 65, 118
測量 63
粗度係数 7

た

大気圧測定センター 44
帯水層 124, 129, 132
大腸菌類 88
滞留時間 **22**, 23, 26, 72, 88, 91, 128, 129
対流性降水 3
ダルシー流速 24, 25 →見かけの流速
タンクモデル **10**
炭素安定同位体 91
断層湖 13
単独処理浄化槽 28

ち

地温勾配 129
地下水 8, 10, 21, 36, 42, 43, 45, 48, 50, 51, 52, 67, 101, 111, 120, 121, 122, 123, 124, 126, 127, 128, 129, 130
地下水汚染 25, 26, 27, 28, 29, 30, 70, 128
地下水汚染物質 27
地下水調査 (→井戸・地下水調査)
地下水の水温 50, 128, 129
地下水の水質汚濁にかかわる環境基準 (環境省) 27
地下水の露頭 134, 138
地下水面図 42, 69, 70, 126, 127, 128, 129
地下水面等高線 69, 70, 71, 126, 127
地下水面標高 69, 124, 126
地下水流出水 8, **9**, 12
地下増温率 128, 129
地形急変点 132
地形図 6, 7, 13, 32, 33, 39, 61, 65, 67, 98, 110, 123, 124, 131
地形性降水 3
地質断面図 124, 137
地質柱状図 123, 124, 125
地中の温度 128
地表水 **6**, 89, 95, 97, 100, 128
地表流出水 8, **9**, 12
中間流出水 8, **9**, 12
宙水 137
調査記録用紙 37, 62
調和型湖沼 **22**, 23

て

DO計 51, 56, 57 →溶存酸素計
ティーセン法 **77**
ディジタルレインゲージ 76
滴定法 55
テクノボトル 90, 91
鉄栄養湖 23

電気伝導率 (電気伝導度) 12, 39, 44, 48, 49, 50, 51, 53, 80, 86, 93, 94, 101, 105, 106, 115
電気伝導率計 (電気伝導度計) 39, 48, 49, 50, 51, 80
電気流速計 81

と

等雨量線法 **78**
動水勾配 24, 25, 27
胴長 36, 39, 47
透明度 **16**, 23, 57, 113, **114**
共洗い 45, 51, 53, 57, 88
豊洲新市場 27, 30

ね

熱帯湖 17
年降水量 3
粘土層 25, 30, 132, 137

の

農業用水 21, 120, 129
呑川 105, 106, 107, 109

は

バイアル瓶 87
ハイドログラフ **11**, 12, 80, 102
パックテスト 39, 51, 58, 59, 116
バロメータ 44, 45
反射式光度計 58, 59
ハンドオーガー 70
ハンドレベル 65

ひ

pH (ピーエイチ) 51
pH計 49, 51, 52, 53
pH標準溶液 52
比色法 51
非調和型湖沼 23
表水層 **17**, 18
表面流出水 8, 10
比例配分法 70, 126, 127
貧栄養湖 22

ふ

風送塩 28
富栄養湖 22
フォーレルの水色標準 16
負荷量 **93**

布状流 7, 9
腐植栄養湖 23
プライス型流速計 81
プラニメータ 15
プロペラ式流速計 45, 46, 47
フロン類（CFCs）91
分解層 17
分水界 **5**, 6, 98

へ

平均降水量 77, 93
平均流速 7, 12, 82
ベイラー 90
ベンゼン 27, 29, 30
ペンマン法 2

ほ

飽和度 54, 55
飽和透水係数 24, 25, 27
飽和溶存酸素量 54, 55
ホートンの水流に関する諸法則 101
ボーリング資料 123, 124
ポケットコンパス 63, 64
補償深度 17
補正係数 55, 84, 85
補正値 40, 50
ポリビン 39, 87, 91, 94, 95

ま

マイクロジーメンス 48
巻尺 14, 39, 43, 63, 64, 68, 69, 79, 80
マニングの平均流速公式 **7**

み

見かけの流速 24, 25, 26 →ダルシー流速
水収支 3, 6, 8, **20**, 74, 79, 84, 93, 95, 96, 97, 98
水の循環（→水文循環）
ミネラルウォーター 48, 49, 51
ミリジーメンス 48

め

メートル縄 63, 64, 68
面積雨量 **77**, 93

や

野帳（フィールドノート）37, 39, 61, 62, 64

ゆ

有効間隙率 25, 26
有機塩素系溶剤 27, 29, 30
湧出量 78, 79, 80, 135
湧水孔 106
湧水調査 131, 134
湧水パイプ 106, 137, 138
湧水分布図 135, 138
湧水量 134, 135
湧泉 79, 131

よ

溶岩流 13, 132, 133
容積法 79, 134
溶存酸素 39, 54, 55, 56, 57, 115, 116
溶存酸素計 51, 56, 57
溶存酸素量の測定方法 55, 56
溶存物質 3, 15, 48, 80

ら

ライシメーター 96
ライフジャケット 71, **111**, 112, 119

り

略図の作成 63
流域 **5**, 6, 7, 8, 11, 21, 32, 66, 74, 75, 77, 78, 93, 95, 98, 99, 102, 120
流域界 32
流域の貯留量 9
流域面積 11, 21, 93
流出量の算定 21
流積・流速法 **80**
流量測定時の注意事項 **82**
流量測定 68, 82, 85, 134
流量年表 34
流量の減衰係数 9

る

ルートマップ 61, 131

ろ

ロープ式水位計 43, 45
ローラーポンプ 91

著者紹介

鈴木 裕一　すずき　ゆういち
立正大学名誉教授。1947 年東京都生まれ。
東京教育大学大学院修士課程修了。理学博士。

佐藤 芳徳　さとう　よしのり
上越教育大学名誉教授。
上越教育大学大学院学校教育研究科特任教授。1952 年群馬県生まれ。
筑波大学大学院博士課程中退。理学博士。

安原 正也　やすはら　まさや
立正大学地球環境科学部教授。1955 年岡山県生まれ。
筑波大学大学院博士課程修了。理学博士。

谷口 智雅　たにぐち　ともまさ
三重大学国際交流センター特任教授。
天津師範大学国際教育交流学院招聘教授。1967 年神奈川県生まれ。
立正大学大学院博士後期課程修了。博士（地理学）。

李 盛源　い　そんうぉん
立正大学地球環境科学部専任講師。1976 年韓国ソウル特別市生まれ。
筑波大学大学院博士後期課程修了。博士（理学）。

書　名	**新版　水環境調査の基礎**
コード	ISBN978-4-7722-4210-3　C3044
発行日	2019（平成 31）年 1 月 7 日　初版第 1 刷発行
著　者	**鈴木 裕一・佐藤 芳徳・安原 正也・谷口 智雅・李 盛源** Copyright ©2019 Yuichi, SUZUKI
発行者	株式会社古今書院　橋本寿資
印刷所	三美印刷株式会社
製本所	三美印刷株式会社
発行所	**古今書院**
	〒 101-0062　東京都千代田区神田駿河台 2-10
電　話	03-3291-2757
ＦＡＸ	03-3233-0303
振　替	00100-8-35340
ホームページ	http://www.kokon.co.jp/
	検印省略・Printed in Japan

古今書院の関連図書　ご案内

卒論修論のための自然地理学フィールド調査

泉岳樹・松山洋著
首都大学東京・首都大学東京教授

A5 判　並製　126 頁
本体 3200 円＋税
ISBN978-4-7722-4204-2
2017 年刊行

地球学調査・解析の基礎

上野健一・久田健一郎編
筑波大学教授・筑波大学教授

B5 判　並製　216 頁
本体 3200 円＋税
ISBN978-4-7722-5254-6
2011 年刊行

水環境問題の地域的諸相

山下亜紀郎著
筑波大学

A5 判　上製　202 頁
本体 6000 円＋税
ISBN978-4-7722-8115-7
2015 年刊行

流域環境を科学する

高村弘毅・後藤真太郎編
立正大学名誉教授・立正大学教授

A5 判　上製　262 頁
本体 4000 円＋税
ISBN978-4-7722-9004-3
2011 年刊行

地下水と水循環の科学

高村弘毅編
立正大学名誉教授

A5 判　上製　226 頁
本体 5400 円＋税
ISBN978-4-7722-5255-3
2011 年刊行

フィールド写真術

秋山裕之・小西公大編
京都華頂大学・東京学芸大学

A5 判　並製　250 頁
本体 3200 円＋税
ISBN978-4-7722-7135-6
2016 年刊行

実践統合自然地理学

岩田修二責任編集
東京都立大学名誉教授

A5 判　並製　240 頁
本体 4800 円＋税
ISBN978-4-7722-4207-3
2018 年刊行

たたかう地理学

小野有五著
北海道大学名誉教授

A5 判　並製　392 頁
本体 3200 円＋税
ISBN978-4-7722-5268-3
2013 年刊行